U0256310

内 容 简 介

　　本书采取问答的形式，以通俗的语言分别就猪的类型与品种、猪的营养与饲料、猪的繁殖与杂交、仔猪生产、肉猪生产、猪场规划与建设、猪病防治及家庭猪场的经营管理等8个方面共300个问题，给读者提供了简明扼要的解答。问题的设置，力求实用，与生产实践紧密结合。本书适合广大农村及城镇养猪户应用，同时可供农业院校及基层畜牧兽医工作者参考。

养殖致富攻略·一线专家答疑丛书

养猪 300 问 第四版

周元军　编著

中国农业出版社

第一版编著者

周元军　孙宪军

刘守爱

第二版编著者

周元军　孙明亮

郑康伟

第三版编著者

周元军　马书珍

孙洪军　张现富

　　《养猪300问》一书自2001年由中国农业出版社出版发行以来,受到了广大读者的欢迎,累计已发行十多万册。2011年,该书被评为最受养殖户欢迎的精品图书。但是随着我国养猪业的飞速发展,为适应现代现代养猪业的需要,满足人们对优质、安全猪肉产品的需求;也为了全面提高本书的质量,让广大读者能了解和掌握更新、更实用的养猪技术,应广大读者和中国农业出版社的要求,笔者对第三版内容又进行了修订,对原300个问题加以调整和修正,删除了一些适用性不强的、陈旧的内容,补充了国内外养猪的新成果、新技术和新经验,如母猪的深部人工授精新技术、乳猪的接生新技术、乳猪的断奶新技术、当前猪病的发生和流行新特点、生态养猪新方法等。在修订过程中继续保持原书一事一问,一问一议,简明扼要,系统性、科学性、先进性和实用性的特色,以求最大限度地满足广大养猪生产者的需求。

　　本书既可作为广大养猪业者的参考用书,也可供农业院校师生和基层畜牧兽医工作者参考。

　　限于时间仓促和修改人员的水平,书中错误和不当之处在所难免,诚望广大读者予以指正。

编　者

2016年6月

养猪是我国广大农村传统的家庭饲养业,随着经济体制改革的逐步深入和市场经济的迅速发展,农村庭院养猪业正在由单一、传统的家庭事业逐步向专业化、商品化的方向发展,并涌现出了大批养猪专业户、重点户和家庭养猪场。为了加快养猪业的发展,满足广大饲养者的需要,将养猪生产和科研方面的新成果、新技术、新经验,及时送到饲养者手中,应用于养猪生产,创造更高的经济效益。我们编写了这本《养猪300问》。

本书吸收目前国内外最新科技成果,结合作者多年的生产教学经验,并尽量考虑农村、城镇个体和集体养猪生产者的条件和特点,密切结合庭院养猪情况,以问答的形式,着重介绍了猪的类型与品种,猪的营养与饲料,猪的繁殖与杂交,仔猪生产,肉猪生产,猪场规划与建设及猪病防治等方面的实用技术共300问,一事一问,一事一议,简明扼要,通俗易懂,是广大农村、城镇发展养猪业者的必备参考书,也可供农业院校师生和基层畜牧兽医工作者参考。

由于我们水平有限,书中的缺点和错误在所难免,敬请同行及广大读者批评指正。

编 者

2001年2月

　　《养猪300问》一书自2001年由中国农业出版社出版发行以来，已重印6次，累计印数达5万余册，深受广大养猪场、养猪户的好评。但随着人们对优质、安全猪肉产品需求的提高及规模化养猪的快速发展，为了让广大养猪场、养猪户能了解和掌握更新、更实用的养猪技术，以及取得养猪效益的有效途径，应中国农业出版社的要求，我们对原书内容进行了修订，系统地介绍了猪的类型与品种，猪的营养与饲料，猪的繁殖与杂交，仔猪生产，肉猪生产，猪场规划与建设，猪病防治及家庭猪场的经营管理等方面的实用技术共300个问题，删除了原书中实用性不强、资料较陈旧的内容，补充了国内外养猪新成果和新经验，如无公害生猪生产的关键环节，绿色饲料添加剂，生态养猪技术，传染病及寄生虫病的防治规范，食品动物禁用的兽药及其他化合物，养猪前景预测及产业化区域开发等。在修订过程中继续保持原书一事一问，一问一议，简明扼要，系统性、科学性、先进性和实用性的特色，力求最大限度地满足广大农村、城镇个体和集体养猪生产者的需求，促进我国养猪业快速发展。

　　本书是广大农村、城镇发展养猪业者的必备参考书，也可供农业院校师生和基层畜牧兽医工作者参考。

　　书中错误和不当之处，诚望广大读者予以指正。

编　者

2005年2月

　　《养猪 300 问》一书自 2001 年由中国农业出版社出版发行以来，已修订 3 次，累计印数达 10 余万册，深受广大养猪场、养猪户的好评。为适应人们对优质、安全猪肉产品需求的提高及规模化养猪的快速发展，为了让广大养猪场、户能了解和掌握更新、更实用的养猪技术，取得更高的养猪效益，应中国农业出版社和广大读者的要求，我们对第二版内容又进行了修订，对原 300 个问题加以调整和修正，删除了一些适用性不强、方法陈旧的内容，补充了国内外养猪新成果、新技术和新经验，如有机猪肉生产技术、无公害猪肉生产技术、当前猪病的发生特点，以及养猪与环境保护等。在修订过程中继续保持原书一事一问，一问一议，简明扼要，系统性、科学性、先进性和实用性的特色，以求最大限度地满足广大农村、城镇个体和集体养猪生产者的需求，促进我国养猪业快速发展。

　　本书是广大农村、城镇发展养猪业者的必备参考书，也可供农业院校师生和基层畜牧兽医工作者参考。

　　限于时间仓促和修改人员的水平，书中错误和不当之处在所难免，诚望广大读者予以指正。

编　者

2013 年 10 月

目 录

1 一、猪的类型与品种

2 二、猪的营养与饲料

3　　三、猪的繁殖与杂交

4　　四、仔猪生产

5

五、肉猪生产

6　六、猪场规划与建设

7

七、猪病防治

8　八、家庭猪场的经营管理

一、猪的类型与品种

1. 猪有哪些特殊的生理机能和生活习性？

（1）**性成熟早，繁殖力强，世代间隔短** 母猪一般在生后3～5月龄就达性成熟，6～8月龄便可初次配种，投产繁殖的时间短。母猪的妊娠期平均为114天，加上仔猪哺乳期21～28天，断奶后3～7天母猪再发情配种，整个繁殖期约为150天。由此推算，一头母猪一年可以产仔2.5窝。猪又属多胎高产动物，一年四季都可以发情配种，每胎产仔6～13头，一年两胎就可产仔12～26头。如果后备母猪于生后6～8月龄配种，则10～12月龄产仔，当年留种当年即可产仔，世代间隔很短。

（2）**生长迅速，饲料报酬高** 猪的生长发育速度很快，一般60日龄体重为出生重的8～9倍。8～10个月龄体重即可达到成年猪体重的50%左右，早熟育肥猪5月龄体重可达90～100千克。猪不但增重快，而且将饲料转换成猪肉的效能强，饲料报酬高。体重每增加1千克，一般只需要2.2～3.2千克饲料。

（3）**屠宰率高，肉脂品质好** 猪的屠宰率因品种、体重、膘情不同而有差别，一般可达到65%～80%。猪的骨骼细，因而可供食用的肉食部分比例高，猪肉含水分少，脂肪和蛋白质含量都很高，矿物质、维生素含量也丰富，因而猪肉的品质优良，风味可口。

（4）**猪食性杂，饲料来源广泛** 猪属单胃杂食动物，可食饲料的范围很广，对饲料的消化能力很强，既能采食植物性饲料，又能采食动物性饲料，因而可供采食的饲料种类多，来源广泛。但猪也有较强的择食性，能够辨别口味，特别喜爱甜食，仔猪对乳香味也颇有兴趣。

（5）**适应性强、分布广** 猪是世界上分布最广、数量最多的家畜之一，对各种自然地理环境、气候等条件均有较强的适应能力。猪对环境条件的广泛适应性与其丰富多样的品种和种群资源有着密切的关系。对于不同的气候条件、饲料条件和饲养管理条件，几乎都能找到与之相适应的品种或类型。

2. 按经济用途可把猪分为几种类型？各有什么特点？

按经济用途，可把猪划分为三种类型，即脂肪型、瘦肉型和兼肉型。三种经济类型猪在体形、胴体组成和饲料利用方面各具特点。

（1）脂肪型猪 该种类型猪的特点是胴体脂肪多，一般脂肪占胴体比例的55%～60%，瘦肉占40%左右，整个外形呈方砖型，体躯短而宽深，下颌重，垂肉多，肋骨圆拱，背腰短宽，臀部丰满，四肢细而结实，体长与胸围基本相等；皮薄毛稀，体质细致，性温顺，耐粗饲，抗暑热；产仔数较低。这一类型猪能有效地利用饲料中碳水化合物转化为体脂肪，而利用饲料蛋白质转化瘦肉的能力较差，单位增重消耗的饲料较多。以老式巴克夏猪为典型代表。

（2）瘦肉型猪 与脂肪型相反，该型猪瘦肉比例占胴体的55%～65%，脂肪占30%左右。体躯长浅，整个身体呈流线型，前躯轻后躯重，头颈小，背腰特长，胸肋中满，背线与腹线平直。后躯丰满，四肢高长，粗壮结实，皮薄毛稀，习性活泼，产仔率高，生长发育快，但对饲料要求较高。如从外国引进的大约克夏猪、杜洛克猪、长白猪等猪均属此类型。

（3）兼用型猪 本型猪肉脂品质优良，风味可口，产肉和产脂肪能力均较强，胴体中肥瘦肉各占一半左右。体形中等，背腰宽阔，中躯短粗，后躯丰满，体质结实，性情温顺，适应性强。我国地方猪种大多属于这一类型，如北京黑猪、上海白猪、关中黑猪、哈白猪、沂蒙黑猪等。

3. 我国地方猪种可划分几种类型？

依据猪种起源、体型特点和生产性能，按自然地理上的分布，将我国地方猪种划分六大类型，即华北型、华南型、江海型、西南型、华中型和高原型。

（1）**华北型**　主要分布于淮河、秦岭以北。代表猪种有：东北民猪、西北八眉猪、河北深县猪、山东沂蒙黑猪、里岔黑猪、河南淮南猪、安徽定远猪、内蒙古河套大耳猪等。该类型猪的特点：全身被毛黑色，嘴长，面直，耳大下垂，头纹纵行好，体躯长扁，体质坚强，鬃长毛密，耐粗放饲养，适应性强；繁殖力高，一般每胎产仔14头以上；较晚熟，生长慢，肉质鲜嫩、红润，肌内脂肪含量高，味香浓。

（2）**华南型**　主要分布于南岭与珠江流域以南，包括云南省的西南和南部边缘地区、广东、广西、福建、海南和台湾省等地。代表猪种有：两广小花猪、香猪、滇南小耳猪、海南猪、粤东黑猪、槐猪、台湾猪等。该种类型猪的特点：个体较小，嘴短，面凹，耳小竖立，头纹横行，毛色多为黑白相间。体躯短矮宽圆，腹大下垂，腿臀较丰圆，皮薄毛稀，鬃毛短少，体质疏松。性成熟早，3～4月龄即可发情，6月龄30千克左右即可配种，每胎产仔8～10头，繁殖力远低于华北型猪；早熟易肥，皮薄脂肪多，屠宰率较高，肉质细嫩。

（3）**江海型**　主要分布于长江中下游沿岸及东南沿海地区和台湾省西部的沿海平原。代表猪种有：太湖猪、虹桥猪、姜曲海猪、阳新猪等。此种类型猪主要是由南北两型杂交而成，其外形和生产性能因类别不同差异较大，毛黑色或有少量白斑，头中等大小，耳长大下垂，背腰宽、平直或稍凹陷。积累脂肪能力强，增重快。繁殖力高，性成熟早，母猪发情明显，一般4～5月龄即有配种受胎的能力，并且受胎率高。乳头8对以上，经产母猪一般产仔数在13头以上，个别猪产仔数甚至超过20头以上，其中以太湖猪最为突出，平均窝产活仔数超过14头。

（4）**西南型**　主要分布于四川盆地、云贵大部分地区和湘、鄂的西部地区。代表猪种有：荣昌猪、关岭猪、乌金猪、内江猪、湖川山地猪、成华猪、雅南猪等。其特点是：头较大，颈部多有旋毛或横行皱纹，腿较短而粗，毛色全黑或黑白花。背腰宽、凹陷，腹大略有下垂，背膘较厚。中等繁殖力，性成熟较早，有些母猪90日龄时就能配种受胎。乳头数平均为6～7对，产仔数为8～10头，猪的初生体重小，平均0.6千克。

（5）**华中型** 主要分布于长江中下游和珠江之间的广大地区。代表猪种有：浙江金华猪、华中两头乌猪、湖南宁乡猪、湘西黑猪、赣中南花猪、福州猪、大围子猪等。其特点：猪体型与华南型相似，但较华南型猪大，背腰较宽，多下凹，腹大下垂，皮薄毛稀，嘴短面凹，耳朵中等大小、下垂。生长较快，成熟较早，肉质细嫩。一般产仔10～12头，乳头6～7对。

（6）**高原型** 主要分布于海拔3 000米以上的，包括西藏、青海、甘肃和四川西部及云南地区。代表猪种有：青藏高原的藏猪、甘肃的合作猪。其特点：体躯较小，结实紧凑，四肢发达，蹄坚实而小，嘴尖长而直，鬃长毛密，善于奔走，行动敏捷。抗寒力强，耐粗饲，但生长缓慢，一年可长到20～30千克；2～3年长到35～40千克，屠宰前舍饲2个月可达50千克，肉质鲜美多汁。鬃毛产量高（每头猪0.25千克）、质量好（长度12～18厘米），在工业上评价很高。繁殖力不高，乳头以5对居多，每胎产仔5～6头。

4. 我国优良地方猪种有哪些？

我国优良的地方猪种有100余种，具有突出特点的猪种有东北民猪、香猪、两广小花猪、内江猪、宁乡猪、金华猪、华中两头乌猪、太湖猪、荣昌、成华猪、藏猪等。

我国改良品种猪主要有哈尔滨白猪、上海白猪、新淮猪、沂蒙黑猪、三江白猪、北京黑猪、湖北白猪、苏太猪、军牧1号白猪等。

5. 我国引进的优良猪种有哪些？

近三十年来，我国引进的国外优良品种猪主要有长白猪、大约克夏猪（大白猪）、杜洛克猪和皮特兰猪。这些猪种具有生长速度快、瘦肉含量高和饲料利用效率高等优点。

6. 我国地方猪种各有哪些种质特性？

我国地方猪种有很多优良种质特性，其中最主要的有以下几方面：

（1）**繁殖力高** 我国地方猪种性成熟早，一般母猪初情期平均日龄 94.46 天，平均体重 22.73 千克，性成熟日龄平均为 12.52 天，其中姜曲海猪仅为 76.76 天；而外国猪种如长白和杜洛克母猪的初情期分别为 173 日龄和 224 日龄。我国地方猪种在排卵数量和产仔数目上，也比外国猪种高。如嘉兴黑猪、二花脸猪、姜曲海猪、内江猪、成华猪、大花白猪、东北民猪、金华猪、大围子猪等品种，平均产仔为初产 10.38 头，经产 14.24 头。世界最高产的太湖猪，初产 13.48 头，经产 16.65 头，母猪乳头 8～9 对。而外国繁殖力较高的品种长白猪、大约克夏猪，产仔为 10～11 头，母猪乳头为 6～7 对。

我国地方猪种公猪精液中首次出现精子的年龄也远比外国猪种早。如大花白猪为 62 日龄，大围子猪为 75 日龄，而大约克夏猪为 120 日龄；配种年龄我国猪种大部分为 120 日龄，外国猪种在 210 日龄以上。

此外，我国地方猪种与外国猪种比较，还具备发情明显，受胎率高，产后疾患少，泌乳量多，母性好（不压仔），仔猪育成率高等优良特性。

（2）**肉质好** 国外一些高度培育的瘦肉型品种和品系，虽然具有生长快、饲料转化率高和瘦肉产量多的优点，但其肉质不佳，灰白色肉出现比率较高。而我国地方猪种肉色鲜红，没有灰白色肉，肌肉系水力良好，大理石纹分布均匀、含量适中，且肉质细嫩、多汁，肉味香浓，适口性良好。

（3）**抗逆性强** 我国地方猪种在长期的自然选择和人工选择的品种演变过程中，形成了对外界不良环境条件的良好适应能力。如东北民猪、姜曲海猪、内江猪、二花脸猪、大花白猪、金华猪、大围猪等在极端不良的气候环境和饲养条件下，比哈白猪、长白猪具有较强的抗逆性，主要表现为抗寒、耐热性能好，耐粗饲、耐饥饿（其低营养的耐受力强），能适应高海拔生态环境。

7. 长白猪有什么品种特征和生产性能？

长白猪原产丹麦，是世界上第一个育成的、分布最广、最著名的瘦肉型品种，它是丹麦本地猪与英国大白猪杂交，经过长期系统选育形成的。

长白猪全身被毛白色，头小清秀，颜面平直，耳大前倾，体躯长，背微弓，腹平直，腿臀肌肉丰满，四肢健壮，整个体形呈前窄后宽流线型。有效乳头 6～8 对，成年母猪体重 300～400 千克，成年公猪体重 400～500 千克。

在良好的饲养条件下，生长发育迅速，6 月龄体重可达 90 千克以上。体重 90 千克时屠宰，屠宰率为 70％～78％。胴体瘦肉率为 55％～63％。母猪性成熟较晚，6 月龄达性成熟，10 月龄可开始配种。母猪发情周期为 21～23 天，发情持续期 2～3 天，初产母猪产仔数 9 头以上，经产母猪产仔数 12 头以上，60 日龄窝重 150 千克以上。

由于丹麦长白猪生产性能高，遗传性稳定，一般配合力好，杂交效果显著。所以，在国内各地广泛用做杂交的父本，其杂种表现生长快，省饲料，胴体瘦肉率高，颇受群众欢迎。

8. 大约克夏猪（大白猪）有什么品种特征和生产性能？

大约克夏猪，又叫大白猪，原产于英国，是世界著名瘦肉型品种。该种猪体格大，体型匀称，全身被毛白色，头颈较长，颜面微凹，耳薄大、稍向前直立，身腰长，背平直而稍呈弓形，腹平直，胸深广，肋开张，四肢高而强健，肌肉发达。有效乳头6～7 对，成年母猪体重 230～350 千克，成年公猪体重 300～500 千克。

大约克夏猪增重速度快，省饲料，6 月龄体重可达 100 千克。体重 90 千克时屠宰率为 71％～73％，胴体瘦肉率为 60％～65％。母猪性成熟较晚，一般 6 月龄达性成熟，10 月龄可开始配种。母猪发情周期 20～23 天，发情持续期 3～4 天，初产母猪产仔数 9 头以上，经产母猪产仔猪 12 头以上。

由于大白猪体质健壮，适应性强，肉的品质好，繁殖性能也不错，因此越来越受到养猪生产者的重视。大白猪不仅可以作为父本与我国培育猪种、地方猪种杂交，而且既可以作为父本，又可以作为母本与外国猪种杂交。

9. 杜洛克猪有什么品种特征和生产性能？

杜洛克猪原产于美国，原为脂肪型猪，后选育成瘦肉型品种猪，也是世界四大著名猪种之一，分布很广。该种猪以全身红毛色为突出特征，色泽从金黄色到棕红色，色泽深浅不一。头小清秀，嘴短直，两耳中等大小、略向前倾，颜面稍凹。体躯瘦长，胸宽而深，背略呈弓形，腿臀部肌肉发达丰满，四肢粗壮结实，蹄呈黑色。

杜洛克猪适应性强，生长发育迅速，饲料转化率和瘦肉率高，容易饲养。成年母猪体重 300～390 千克，成年公猪体重 340～450 千克。90 千克屠宰时，屠宰率 71%～73%，胴体瘦肉率 60%～65%。

杜洛克猪性成熟较晚，母猪在 6～7 月龄开始第一次发情，发情周期为 21 天左右，发情持续期为 2～3 天。初产母猪产仔数 9 头左右，经产母猪产仔数 10 头左右。因其繁殖能力不如其他几个国外猪种，故在生产商品猪的杂交中多用作三元杂交的终端父本或二元杂交的父本。

10. 皮特兰猪有什么品种特征和生产性能？

皮特兰猪原产于比利时的布拉帮特省，是由法国的贝叶杂交猪与英国的巴克夏猪进行回交，然后再与英国的大白猪杂交育成的。

皮特兰猪毛色呈灰白色并带有不规则的深黑色斑点，偶尔出现少量棕色毛。头部清秀，颜面平直，嘴大且直，双耳略微向前；体躯呈圆柱形，腹部平行于背部，肩部肌肉丰满，背直而宽大。体长 1.5～1.6 米。在较好的饲养条件下，皮特兰猪生长迅速，6 月龄体重可达

90～100千克，日增重750克左右，每千克增重消耗配合饲料2.5～2.6千克，屠宰率76%，瘦肉率可高达70%。公猪一旦达到性成熟就有较强的性欲，采精调教一般一次就会成功，射精量250～300毫升/次，精子数3亿个/毫升。母猪的母性不亚于我国地方品种，母猪的初情期一般在190日龄，发情周期18～21天，每胎产仔数10头左右，产活仔数9头左右，仔猪育成率在92%～98%。

11. 专业户养什么猪种好？

根据国内外资料报道和广大养猪户养猪经验证明，专业户以喂养杂种一代猪最好。因为多数杂种一代猪有明显的杂种优势。该种猪生活力、耐受性及抗病性增强，生长发育快，遗传缺损、致死、半致死减少，产仔数多而均匀，初生仔猪体重大，成活率高，耐粗饲，增重快，饲料利用率高，易饲养管理，经济效益好。

12. 选购种猪应注意哪些问题？

（1）**做好进猪前的准备工作** 在进猪前一周，对猪舍进行全面清洗、消毒。运猪车在前3天清洗消毒，进猪前2天对猪舍加温，温度控制在26～30℃，湿度小于70%；并准备好种猪料、电解多维、小苏打片、防下痢、防感冒和应激类药物等物品。

（2）**购前应了解的相关问题** 应了解购猪当地有无疫病流行，猪场的营运是否正常，有无发病史，购买种猪要查看是否有《种畜禽生产经营许可证》；同时要了解猪的饲养方式、是否脱温饲养、饲粮购成及类型、日喂次数、断奶时间、防疫情况等。

（3）**符合品种外貌特征** 从所选种猪的头型大小、耳朵的大小和形态、被毛颜色、四肢长短和结实状况等方面，看其是否与其品种外貌相符合。

（4）**无遗传疾患** 主要指生殖器官发育正常，公猪睾丸大小整齐均匀一致；无阴囊疝、脐疝、隐睾现象；对已经进入繁殖年龄的公猪，要求精液质量良好；母猪不能有瞎乳头，乳头排列均匀，有8对以上，阴门明显，没有损伤。

（5）**健康无病猪** 猪尾巴摇摆自如，精神活泼，粪便成团，松软适中，尾部无黏液，皮毛红润，无红点、红紫斑，食欲旺盛。肚子饱满可初步定为健康猪，同群中若发现有一头不健康，则全群都不能购买。

（6）**索要手续** 种猪必须有猪场出具的《种畜禽合格证明》、家畜系谱，当地动物防疫监督机构出具的《检疫合格证明》（有畜禽标识）、《运输车辆消毒证明》、《非疫区证明》。购买商品仔猪只需后三个手续即可，必要时也可索要销售发票。

（7）**安全运输** 装车前将猪吃饱饮足，途中一般不要补饲；密度不宜过大，运输要平稳，防止颠簸；注意防暑保暖和通风，尽量缩短运输时间。

二、猪的营养与饲料

13. 养猪为什么要讲究营养？

猪在一生中要吃很多的饲料，但不同的品种在不同的阶段以及不同经济类型的猪种，所需要的营养各异，按照猪的饲养标准定时、定量喂给，就可以获得最佳的效果。如猪生长速度快，日增重高，料肉比理想，肉质好等，这就是讲究营养的目的。

14. 饲料可分为哪几类？

用于养猪的饲料很多，一般分为两大类。一类是按照饲料的来源，分为植物性饲料、动物性饲料和矿物质饲料。植物性饲料又包括精饲料、粗饲料和青绿饲料。另一类是按照饲料特性和营养价值，分为能量饲料、蛋白质饲料、青饲料、青贮饲料、矿物质饲料、维生素饲料和饲料添加剂等。

15. 饲料中含有哪些营养成分？养猪常用饲料有哪些？

饲料中一般含有水分、蛋白质、脂肪、矿物质、碳水化合物、维生素等机体所需的六大营养成分。养猪常用的饲料主要有以下几种：

（1）**蛋白质饲料**　如鱼粉、豆粕（饼）、花生饼、血粉、肉粉、酵母、棉籽粕（饼）、菜子粕（饼）等。

（2）**能量饲料**　如玉米、稻谷、大麦、红薯等。

（3）**粗饲料**　如干草、秕壳、谷糠等。

（4）**青饲料**　如青草、野菜、水生饲料、块根、块茎等。

（5）**青贮饲料** 如青贮玉米秸秆、青贮花生秧、青贮苜蓿草等。

（6）**矿物质饲料** 用于补充微量元素的饲料，如食盐、贝壳粉、蛋壳粉、骨粉、石粉等。

（7）**饲料添加剂** 一般分为营养性添加剂和非营养性添加剂两大类。营养性添加剂主要有维生素、微量元素、氨基酸等；非营养性添加剂主要包括促生长剂、驱虫剂、防腐剂、食欲增进剂及产品质量改良剂等。

16. 水对猪体有何作用？正常情况下猪需要多少水分？

猪体的 3/4 是水。水分直接参与有机体细胞和组织的构成，是重要的溶剂，能溶解和运输营养物质，排泄代谢产物；是代谢产物的媒介，参加体内水解、氧化还原等反应；是润滑剂，能使关节运动时减少摩擦，并有调节体温，保持体液及体内渗透压平衡的作用。长期饥饿的猪，若体重损失 40% 仍能生存，但如失水 10% 则代谢过程即遭破坏，失水 20% 即可能引起死亡。

正常情况下，哺乳仔猪每千克体重每天需水量为：第 1 周 200克，第 2 周 150 克，第 3 周 120 克，第 4 周 110 克，第 5～8 周 100克。生长育肥猪在用自动饲槽不限量采食、自动饮水器自由饮水条件下，10～22 周龄期间，水料比平均为 2.56：1。非妊娠青年母猪每天饮水约 11.5 千克，妊娠母猪增加到 20 千克，哺乳母猪 20 多千克。

正确的供水方法：料水分开，喂饲干料（配合饲料或全价颗粒饲料），若用自拌料喂猪，可采用湿拌料（料水比为 1：1～1.5），喂后供给足够的饮水，最好是安装自动饮水器。

17. 蛋白质对猪有什么作用？

蛋白质是一种复杂的有机化合物，由各种氨基酸组成，含碳、氢、氧、氮和硫等多种元素。蛋白质是构成猪体组织、细胞的基本成分，也是修补机体组织的必需物质。组织器官的蛋白质通过新陈代谢不断更新，如精液的生成，卵子的产生，各种消化液、酶、激素和乳汁的分泌，都需要蛋白质。当蛋白质的供给富余，或碳水化合物及脂肪的供应不足时，还可产热供能。如果日粮中蛋白质含量太低，猪的生长将受限，体重下降，饲料利用率低，繁殖机能紊乱。

18. 什么是碳水化合物？碳水化合物对猪有什么作用？

碳水化合物由碳、氢、氧三种元素组成，是植物的主要成分，约占植物全部营养成分的70%～80%，是猪饲料中的主要能量来源。

碳水化合物进入猪体内经过一系列变化转变成能量，为猪的各种生命活动提供热能。满足日常能量消耗以后所剩余的碳水化合物，可在猪体内转变成脂肪储存起来，作为能量贮备，留给饥饿时利用。猪体的肥膘和板油就是这种剩余能量的贮备。猪对食入体内的碳水化合物转变成脂肪的能力很强，大量食入碳水化合物时，体内脂肪的增加也很快，故用含碳水化合物多的饲料（如玉米、大米、红薯、土豆）喂猪，容易转变为体脂肪。养瘦肉型猪，应合理供给碳水化合物，特别是在育肥后期，应适当减少此类饲料的饲喂量，以防猪体过肥、过胖，瘦肉率降低。

碳水化合物在猪体内不能转变为蛋白质，但满足需要时可减少蛋白质的消耗。当碳水化合物不能满足猪的能量需要时，猪首先动用体内贮存的脂肪，脂肪严重缺乏时会增加体内蛋白质的消耗，此时猪体严重消瘦，影响正常的生长和繁殖。

碳水化合物包括无氮浸出物和粗纤维两大部分，无氮浸出物主要包括淀粉和糖类。因其容易消化吸收而且产热量高，一般把其含量高的饲料，称为碳水化合物饲料或能量饲料，如玉米、大麦、高粱、甘薯、土豆等。粗纤维是植物细胞壁的组成部分，包括纤维素、半纤维素和木质素，是饲料中较难被消化的一种物质。粗纤维吸水量大，可起到填充胃肠道的作用，使生猪有饱的感觉；粗纤维对猪肠道黏膜有一定的刺激作用，可促进胃肠道的蠕动和粪便的排泄，并能提供一定的能量。因此，粗纤维营养价值虽低，但仍是畜禽饲料中的一种重要物质。一般认为，生猪的日粮中粗纤维的含量，2 月龄以内的仔猪 3%～4%，育肥猪 4%～8%，成年种公猪、哺乳母猪 7%，空怀、妊娠母猪 10%～12% 为最好，妊娠母猪采食量大，对粗饲料的利用率高，故可适当增加粗饲料比例，以降低饲养成本和增加母猪的饱感。

19. 脂肪对猪有什么作用？

同碳水化合物一样，脂肪在体内的主要功能是氧化供能。脂肪的能值很高，所提供的能量是同等重量碳水化合物或蛋白质的 2.5 倍。脂肪有四大功能：一是脂溶性维生素的溶剂，如维生素 A、维生素 D、维生素 E、维生素 K 都必须溶解在脂肪中才能被机体消化吸收；二是供给幼猪必需脂肪酸，如亚油酸、亚麻油酸和花生四烯酸，幼猪缺乏这些脂肪酸时，会出现生长停滞、尾部坏死、皮炎等症状；三是在形成磷脂中有重要意义；四是合成某些维生素和激素的原料。但是猪对脂肪的需要量很少，一般饲料中的脂肪含量就能满足猪的需要。

20. 矿物质对猪有什么作用？

矿物质是生猪生长发育和繁殖等生命活动中不可缺少的一些金属和非金属元素，是生理生化酶类催化物的组成成分。矿物质参与机体肌肉、神经组织兴奋性调节，维持细胞膜的通透性，保持体液一定的渗透压和酸碱平衡。矿物质还是形成骨骼、血红蛋白、甲状腺素等的重要组成成分，对机体新陈代谢起着重要的作用。

猪所必需的矿物质元素有 19 种，根据其在体内含量的不同，可分为常量矿物质元素和微量矿物质元素。常量矿物质元素是指含量在 0.01% 以上的，主要包括钙、磷、硫、钾、钠、氯、镁等；微量矿物质元素是指含量在 0.01% 以下的，包括铁、铜、锰、锌、碘、钴、硒、铬、硅等。微量元素在猪体内含量虽少，但作用很大。猪日粮中矿物质供给不足时，则表现出缺乏症状；而供给量过多时，常会发生中毒现象，甚至造成死亡。

21. 维生素对猪有什么作用？猪必需的维生素有哪些？

维生素是维持猪体正常生理机能所必需的营养物质。虽不是供应机体能量或构成机体组织的原料，在猪体内含量很少，但维生素参与营养物质的代谢作用。当维生素供应不足时，可引起新陈代谢紊乱，严重时则发生缺乏症状。

维生素有 30 多种，分为两大类：一类是溶于脂肪才能被畜禽机体吸收的称脂溶性维生素，包括维生素 A、维生素 D、维生素 E、维生素 K 等；另一类是溶于水中才能被畜禽机体吸收的称水溶性维生素，包括 B 族维生素和维生素 C。

对猪正常生长和繁殖有影响的维生素有 13 种：维生素 A、维生素 D、维生素 E、维生素 K、维生素 B_1、维生素 B_2、维生素 B_3（泛酸）、维生素 B_4（胆碱）、维生素 PP（烟酸）、维生素 B_6（吡哆醇）、维生素 B_{11}（叶酸）、维生素 C（抗坏血酸）和生物素。

22. 什么是氨基酸？氨基酸分为哪两大类？各有什么作用？

氨基酸是构成蛋白质的基本单位，是一种含氨基的有机酸，饲料中的蛋白质并不能直接被猪吸收利用，而是在胃蛋白酶和胰蛋白酶的作用下，被分解为氨基酸之后吸收进入血液，运输到全身组织器官参加新陈代谢。

构成蛋白质的氨基酸有 20 多种，分为必需氨基酸和非必需氨基酸两大类。必需氨基酸是指在体内不能合成或合成的速度很慢，不能满足猪的生长和生产需要，必须由饲料供给的氨基酸，必需氨基酸是蛋白质营养的核心。猪所需的必需氨基酸有 10 种，即赖氨酸、蛋氨酸、色氨酸、精氨酸、组氨酸、亮氨酸、异亮氨酸、苯丙氨酸、苏氨酸和缬氨酸。其中，赖氨酸、蛋氨酸、色氨酸在猪常用饲料中比较缺乏，不能满足需要，并成为限制其他氨基酸利用率的因子，又称为限制性氨基酸，特别是赖氨酸，在能量饲料中含量均不足，猪最易缺乏。因此，在猪饲料中应适当添加赖氨酸，以提高饲料的利用率。

23. 猪常用的能量饲料有哪些？有何特点？

养猪常用的能量饲料有玉米、大麦、稻谷、小麦、红薯干、高粱等。其共同的特点是含有较多的淀粉，有机物消化率高。其共同的缺点是蛋白质含量低，且氨基酸不平衡，尤其是赖氨酸和色氨酸含量较低。此类饲料不适宜单独喂猪，需与蛋白质饲料合理搭配使用。

（1）玉米 含能量高、粗纤维少、适口性好，黄玉米中还含有较多的胡萝卜素，但粗蛋白质含量低，品质差，且脂肪内不饱和脂肪酸的含量高，如大量用作育肥猪饲料，会使脂肪变软，影响肉的品质。因此，在肉猪的日粮中玉米含量最好不超过 50%。

（2）大麦 是谷物类饲料中含蛋白质较高的一种精料，粗蛋白质占 10%～12%，比玉米略高，赖氨酸含量也较高，是育肥猪的好饲料，但粗纤维含量较多，其消化能相当于玉米的 90%。用大麦喂猪可以获得高质量的硬脂胴体。

（3）高粱 营养价值低于玉米、大麦，籽实中含有单宁，适口性差，易发生便秘，影响营养物质的消化利用，不宜作妊娠母猪饲料，最好是去壳粉碎或糖化后喂猪。

（4）糠麸类 与谷物原料相比，粗蛋白质、粗纤维、维生素和矿物质含量均较高，B 族维生素相当丰富，尤其以维生素 B_1 最丰富。由于此类饲料粗纤维含量高，淀粉相对较少，容积大，属于低热能饲料。米糠具有良好的适口性，是各种猪的好饲料。由于含脂肪较多（约为 15%），因此夏季容易氧化变质，不易贮存。在猪日粮中添加量不宜超过 25%。幼猪喂量过多时，易引起腹泻。麸皮质地疏松，具轻泻作用，是产仔母猪的主要精料。

（5）甘薯（山芋、红薯） 是我国广泛栽培、产量最高的薯类作物，干物质含量 29%～30%，主体是淀粉，尤适宜喂猪，生喂、熟喂消化率均较高，但煮熟喂比生喂效果好，饲用价值接近玉米。

（6）马铃薯（土豆） 含有相当多的淀粉，干物质中含能量超过玉米，粗纤维比甘薯少，蛋白质比甘薯多，且生物学价值较高，含有较多的B族维生素。煮熟喂猪效果明显优于生喂。发芽和被阳光晒绿的马铃薯，其所含龙葵素（有毒）明显增加。因此，应避免马铃薯受阳光照射，发芽的马铃薯喂前应将芽去掉。

（7）**糟渣类** 主要有酒糟、醋糟、酱油糟、豆腐渣、粉渣等，营养价值高低与原料有关。原料经过加工后，能量中等。由于这类饲料中都含有某种影响猪生长发育的物质，在饲料中应控制饲喂量，饲喂量一般只能占饲料干物质的10％～20％。

24. 猪常用的蛋白质饲料有哪些？有何特点？

猪常用的蛋白质饲料主要有植物性蛋白质饲料和动物性蛋白质饲料两大类。

植物性蛋白质饲料是提供猪蛋白质营养最多的饲料，主要有豆科籽实和饼粕类。

（1）**大豆** 大豆含有丰富的蛋白质（35％左右），与玉米比较，赖氨酸高10倍，蛋氨酸高2倍，胱氨酸高3.5倍，色氨酸高4倍。但大豆含有胰蛋白酶抑制物，进入猪体内能抑制胰蛋白酶的活性，从而降低饲料效率，所以，用大豆喂猪时，一定要将其煮熟或炒熟后饲喂。

（2）**豆饼** 豆饼蛋白质含量高，平均达43％，且赖氨酸、蛋氨酸、色氨酸、胱氨酸比大豆高15％以上，是目前使用最广泛、饲用价值最高的植物性蛋白质饲料。其缺点是：蛋氨酸偏低，含胡萝卜素、硫胺素和核黄素较低。在配制日粮时，添加少量动物性蛋白质饲料，如鱼粉，即可达到蛋白质的互补作用。但在生榨豆饼中同样含有抗胰蛋白酶、血细胞凝集素、甲状腺肿诱发因子等有害物质，使用时一定要加热处理，破坏这些不良因子，以提高蛋白质利用率。豆饼的饲喂量一般占日粮的10％～20％为宜。

（3）**花生饼** 花生饼含蛋白质40％左右，大部分氨基酸基本平衡，适口性好，无毒性。但脂肪含量高，不易贮存，易产生黄曲霉毒素，限制了其在猪饲料中的使用量，一般多与豆饼合并使用。

（4）**棉籽饼**　棉籽饼含蛋白质 34％左右，但由于存在游离棉酚，喂猪后易发生累积性中毒，加之粗纤维含量高，因而在饲料中要限制使用。不去毒处理时，饲料中含量以不超过 5％为宜。

（5）**菜籽饼**　菜籽饼含蛋白质 36％左右，可代替部分豆饼喂猪。由于含有毒物质（芥子苷），喂前宜采取脱毒措施。未经脱毒处理的菜籽饼要严格控制喂量，在饲料中一般不宜超过5％～7％，妊娠后期母猪和泌乳母猪不宜饲用。

动物性蛋白质饲料主要有鱼粉、肉粉、蚕蛹、乳类以及昆虫等，其共同特点是蛋白质含量高，品质好，不含粗纤维，维生素、矿物质含量丰富，是猪的优良蛋白质饲料。

除以上两大类外，还有一些蛋白质含量较高的豆科牧草、单细胞蛋白质饲料，也是养猪较好的蛋白质补充饲料。特别是豆科牧草，既能提供蛋白质，又能起到青饲料的作用，对母猪尤为重要。

25.　猪常用的粗饲料有那些？有何特点？

猪常用的粗饲料包括干草与秸秆、秕壳两类。干草是人工栽培与野生青草收割后阴干或人工干燥制成的，其营养价值较高。秸秆与秕壳是籽实收割后剩余的茎叶及皮壳，如稻草、玉米秸、豆秸、豆壳、麦壳等，它们的营养价值比青草低。

粗饲料中粗纤维含量高（25％～30％），木质素多，体积大，消化率不高，营养价值较低，可利用养分少。但可填充猪的胃肠，给猪有饱的感觉，并可增加胃肠蠕动，刺激消化功能。

青草或青绿饲料，在结籽形成之前割下来晒干制成的干草，其营养价值虽不如精料和青饲料，但比其他种类的饲料为好，可适当搭配在精、青饲料内饲喂母猪和育肥猪。豆科植物含有较多的粗蛋白质和可消化粗蛋白质，采用高温快速烘干，其营养物质损失较少。

农作物籽实的外壳或夹皮称为秕壳，收获籽实后的茎叶部分称为秸秆。稿秕含粗纤维 30％～50％，木质素含量占粗纤维的 6％～12％。因此，除薯秧、豌豆秸、青态绿豆秸、花生秧外，绝大部分秸秆、秕壳饲料质地很差，粗蛋白质含量低，不宜用于养猪，但鲜嫩的

青绿饲料可以用于喂猪，并可节省精饲料，降低养猪成本。

26.　猪常用的矿物质饲料有哪些？有何特点？

养猪常用的矿物质饲料主要有食盐、贝壳粉、蛋壳粉、石灰石粉、红黏土等，添加在猪日粮中以补充猪体矿物质元素的不足。

（1）食盐　食盐主要是补充氯、钠的饲料，在日粮中加入适量的食盐，可改善饲料的适口性，增进猪的食欲，帮助消化。如果喂量过大，轻则拉稀，重则中毒，甚至死亡。一般情况下，每头每天最适宜喂量：大猪为15克，架子猪为8～10克，小猪为5～6克；在日粮配方中，适宜添加量：生长育肥猪为0.5%，仔猪为0.3%。

（2）贝壳粉　由贝壳、蛎壳粉碎而得，用作钙的补充饲料。贝壳含钙4%，常用量为1%。

（3）骨粉　骨粉是优质的钙、磷补充饲料，分蒸骨粉、生骨粉和骨炭粉三种。蒸骨粉是用新鲜兽骨经高压蒸煮、除去有机物后磨成的粉状物，含钙为38.7%，磷为20%，养猪中应用较为普遍；生骨粉为蒸煮非高压处理过的兽骨粉，含有多量的有机物，质地坚硬，易消化，且易于腐败，很少使用。

（4）石灰石粉　将石灰石用球磨机加工而成的粉末，含钙35%以上，并含少量的铁和碘，是最便宜，最可靠的钙补充料，常用量为1%。

27.　什么是青贮饲料？用青贮饲料喂猪有什么好处？

所谓青贮饲料就是将青饲料置于厌氧的条件下，利用乳酸发酵产生乳酸，抑制青贮物中微生物的活动，使其 pH 下降到4.2～3.8，从而达到保存青饲料的目的。利用青贮饲料养猪有以下几点好处：

（1）长年平衡供应青贮饲料　旺季生产的青饲料储存起来，供冬季、早春季饲用，保证全年青饲料供应不断。

（2）营养丰富，适口性好　青贮饲料被青贮后，柔软湿润，芳香味甜，色泽鲜艳，猪喜欢吃。

（3）**开发饲料资源**　各种作物的青绿茎叶、牧草、蔬菜、野菜等，均可通过青贮用来喂猪，扩大了养猪饲料的来源。

（4）**节省燃料**　用青饲料养猪习惯用法是煮熟饲喂，需消耗燃料。青贮后可以直接喂猪，减少了燃料的费用。

（5）**有助于生猪健康生长**　饲料在青贮过程中产生乳酸能杀死饲料中的病菌及寄生虫产生的虫卵，从而减少对生猪的危害。

28. 怎样制作青贮饲料？

（1）**建窖**　选择地势较高，土质结实，靠近猪场，远离粪坑的地方建青贮窖。利用砖、石、水泥砌筑或塑料薄膜贴衬在土窖上。窖的宽度不超过窖的深度，四面呈圆形，上下壁垂直，避免地表水渗入窖内，四周要设置排水沟。窖的大小视猪群大小、青饲料的多少而定。

（2）**原料适时收割和切短**　用于青贮的原料要适时收割，收割过早，含水量多，不易青贮；收割过迟，粗纤维含量高，品质差。禾本科牧草以孕穗至抽穗期收割，豆科牧草以始花至盛花期收割，青割玉米以乳熟期收割，山芋藤以霜前期收割为宜。收割后晒上 1～2 天，将水分降至 60%～70% 后切短，一般切成 3～5 厘米长，但粗硬料更应切短些，以便于装填、踩实和取喂。

（3）**装窖**　原料切短后要立即装填。装填前先在窖底铺上一层塑料薄膜，再铺上一层稻草。装填时边装边踩，逐层平摊，踩紧，尤其是要踩实窖的边缘，尽可能排出饲料中的空气，造成良好的厌氧环境。也可拌米糠、麦麸、食盐一起青贮。

（4）**封窖**　当原料装满，充分压紧后，在上面盖一层稻草，再铺一层塑料薄膜，然后盖上 5～30 厘米厚的湿黏土，踩实。封窖 3～5 天后，原料下沉，要及时用土填补，最后盖土应高出地面，以免雨水渗入。

（5）**开窖**　饲料青贮 1 个月左右即可开窖使用。使用时要注意逐段、分层取用，不能掏洞或整个无规律使用。每次取用后，需要用塑料薄膜将窖口封严，防止空气进入。每次取出的量应在当天用完。饲喂生猪开始用量要少，以后逐渐增加。一般情况下，每头猪每天可以

饲喂 2～5 千克。凡腐败变质的不可喂猪。

29. 什么叫饲料添加剂？怎样分类？

在养殖业中，人们为了补充饲料日粮营养成分的不足，防止和延缓饲料变质，提高饲料适口性，改善饲料利用率，预防猪受病原微生物的侵扰，促进猪正常发育和加速生长，提高产品质量，在饲料中加入各种有效的微量成分，俗称为饲料添加剂。

根据饲料添加剂的不同功能，主要分为营养性饲料添加剂和非营养性饲料添加剂两大类。

30. 国内常用的饲料添加剂有哪些？

（1）促生长添加剂　包括喹乙醇、猪快长、速育精、血多素、肝渣、畜禽乐、肥猪旺等。

（2）微量元素添加剂　包括铜、铁、锌、钴、锰、碘、硒、钙、磷等，具有调节机体新陈代谢，促进生长发育，增强抗病能力和提高饲料利用率等作用。添加后生猪日增重一般可提高 10％～20％，降低饲料成本 8％～10％。

（3）维生素添加剂　包括维生素 A、维生素 D_2、维生素 E、维生素 K_3、维生素 B_1、维生素 D_3、维生素 B_2、维生素 B_6、维生素 B_{12}、维生素 C，以及多种维生素、胆碱、肉猪预混料添加剂、维他胖、泰德维他-80、法国肥、保健素、强壮素等，可根据猪的不同品种和不同生长发育阶段，科学地选择使用。

（4）氨基酸添加剂　包括赖氨酸、蛋氨酸、谷氨酸等18种氨基酸，以及生宝、禽畜宝、饲料酵母、羽毛粉、蚯蚓粉、饲喂乐等。目前使用最多的有赖氨酸和蛋氨酸等添加剂，在日粮中加入 0.2％的赖氨酸喂猪，日增重可以提高 10％左右。

（5）抗生素添加剂　包括土霉素、金霉素、新霉素、盐霉素、四环素、杆菌素、林可霉素、康泰饲料添加剂及猪宝、保生素等。

（6）驱虫保健饲料添加剂　包括安宝球净、克球粉、喂宝-

34 等。

（7）**防霉添加剂或饲料保存剂**　由于米糠、鱼粉等精饲料含油脂率高，存放时间久易氧化变质，添加乙氧喹啉等，可防止饲料氧化，添加丙酸、丙酸钠等可防止饲料霉变。

（8）**中草药饲料添加剂**　包括大蒜、艾粉、松针粉、芒硝、党参叶、麦饭石、野山楂、橘皮粉、刺五加、苍术、益母草等。

（9）**缓冲饲料添加剂**　包括碳酸氢钠、碳酸钙、氧化镁、磷酸钙等。

（10）**饲料调味性添加剂**　包括谷氨酸钠、食用氯化钠、枸橼酸、乳糖、麦芽糖、甘草等。

（11）**激素类添加剂**　包括生乳灵、助长素、育肥灵等。

（12）**着色吸附添加剂**　主要有味黄素（如红辣椒、黄玉米面粉等）。

（13）**酸化剂添加剂**　包括柠檬酸、延胡索酸、乳酸、乙酸、盐酸、磷酸及复合酸化剂等，在生猪日粮中添加适量的酸化剂，可显著提高猪日增重，降低饲养成本。

31.　营养性饲料添加剂有何作用？

营养性饲料添加剂主要有维生素添加剂、微量元素添加剂和氨基酸添加剂。

（1）**维生素添加剂**　猪对维生素需要量很小，但其作用极为重要，主要是维持机体的正常代谢。其中维生素 A 主要调节碳水化合物、蛋白质和脂肪的代谢，具有保护皮肤和黏膜等作用；维生素 D 主要调节钙、磷代谢；维生素 E 具有促进性腺发育和生殖功能；维生素 K 可促进凝血酶原的形成，具有止血等作用；维生素 B_2 可提高植物性蛋白质的利用率；胆碱有防治脂肪肝的作用；维生素 C 能增加对疾病感染的抵抗力，降低机体的应激反应。

（2）**微量元素添加剂**　养猪需要的微量元素主要有铜、锌、铁、锰、碘、钴、钼、硒、铬等元素。这些元素具有调节机体新陈代谢，促进生长发育，改善胴体品质，增强抗病能力和提高饲料转化率等综

合功能。

（3）**氨基酸添加剂**　氨基酸是猪体合成蛋白质的主要成分。猪必需的氨基酸有赖氨酸、蛋氨酸、色氨酸和苏氨酸等 10 余种。添加氨基酸主要作用是弥补饲料中氨基酸的不足，使其他氨基酸得到充分利用，从而节约大量的豆饼（粕）和鱼粉等优质蛋白质饲料，降低饲养成本。

32. 非营养性饲料添加剂有何作用？

非营养性饲料添加剂主要有保健助长添加剂、饲料品质保护添加剂和产品品质改良添加剂等。

（1）**保健助长添加剂**　该类添加剂可抑制病原微生物的繁殖，改善猪体内的某些生理过程，提高饲料利用率，促进猪的生长，增加养猪的经济效益。主要包括抗生素类添加剂和各种生长促进剂。

（2）**饲料品质保护添加剂**　由于饲料中某些成分暴露在空气中易被氧化，或在气温高、湿度大的环境中易于变质，通常在饲料中添加些抗氧化剂、防霉防腐剂，可有效地保护饲料品质。目前经常使用的抗氧化剂主要有以氧基喹啉、二丁基羟基甲苯、维生素 C、维生素 E 等。防霉防腐剂主要有丙酸、丙酸钠和柠檬酸、柠檬酸钠等。

（3）**产品品质改良添加剂**　在养猪生产中使用的主要是一种促进瘦肉增长的添加剂。例如，瘦肉多，可提高胴体瘦肉率，改善猪肉品质，降低饲养成本。

（4）**新型饲料添加剂**　酶制剂无毒、无残留、无副作用，是优秀的新型促生长类饲料添加剂，常用的主要有淀粉酶、蛋白酶、脂肪酶、纤维素酶、植酸酶等；微生态制剂是生物高技术促生长类添加剂，常用的主要有乳酸杆菌属、链球菌属、双歧杆菌属和酵母菌等；中草药以其独特的抗寄生虫的作用机理，不产生抗药性和耐药性，并可长期添加使用，如甘草、黄芪、大蒜、山楂等；有机酸类有延胡索酸、柠檬酸、乳酸、甲酸等；近年来发现和研制成功的新型饲料添加剂还有甜菜碱、氟石、麦饭石、稀土和未知因子等。

33. 使用饲料添加剂应注意哪些问题？

（1）首先要掌握饲料添加剂的特点、功效、协同或颉颃作用、剂量和用法等，然后根据猪的日龄、体重、健康状况等做到有的放矢地使用，切勿滥用。

（2）必须按说明书严格控制剂量，遵守注意事项，不要随意变更。

（3）使用时，务必搅拌均匀。

（4）带有维生素的添加剂勿与发酵饲料掺水拌后贮存，勿煮沸食用。

（5）添加剂应存放在干燥、阴凉、避光、通风的地方，勿暴晒、受潮，一般贮存期勿超过 6 个月，最好是现购现用。

（6）维生素添加剂，无论是水制剂还是粉制剂，加水拌和时，水温不得超过 60℃，以免高温破坏其有效成分。

（7）注意配伍禁忌，使用添加剂应注意他们之间的互补与颉颃作用。如矿物质添加剂最好不要与维生素添加剂配在一起使用，以免氧化失效。

（8）各种抗生素添加剂应交替使用，避免单一添喂，以防猪体产生抗药性。

34. 猪粪便越黑，饲料的消化吸收就越好吗？

传统观念认为，猪的粪便颜色黑表明猪对饲料中营养成分消化吸收的比较充分。受此观点影响，许多养猪户认为，能够使猪排出黑粪的饲料才是好饲料。其实不然，猪的粪便颜色与饲料有关。猪吃富含麦麸、菜籽粕、草粉等原料的饲料，粪便较黑。饲料中铜、铁等微量元素含量高时也拉黑粪。由于高铜有促进生长作用，故多数厂家使用高铜来提高其产品质量。由于饲料中添加了高剂量的硫酸铜，消化吸收不了的硫酸铜在猪体内经过化学变化后，变成黑色的氧化铜，从而使粪便颜色变黑。

虽然饲料中添加高铜制剂可提高仔猪日增重，但高铜对育肥猪却没有作用，而且高铜会在猪内脏器官如肝中聚集，人食后会影响人类健康。实际上，粪便变黑可能是猪食用了好料，也可能没有食用好料；粪便不黑也是这样。总而言之，不能依据粪便的颜色来评价饲料的质量。

35. 猪皮红毛亮一定是吃了好料吗？

许多人认为猪"皮红毛亮"是猪健康、生长快的表现。实际上养殖过程中如果使用有机微量元素，就可以有效地促进猪只健康生长，充分发挥猪的生产潜能，达到以上效果。如增加3D锌也能通过酶的作用，促使猪的上皮组织完整性得到改善，进而使皮毛色泽改变，毛色发亮。另外，仔猪补铁补硒也会使皮红毛亮，体壮贪长，增重显著，而且所用药剂成本不高。但是，实际生产中，有些饲料厂家为了追求猪看起来具有皮红毛亮的商业特征，在饲料中过量添加胂制剂。饲料中添加有机胂可以促进猪的生长，同时使猪的皮肤发红。不过如果饲料品质低，即使添加了有机胂，对猪的长势也不会好；甚至胂制剂多了反而会影响猪肉质量，影响到人的健康，因为有机胂有砒霜的剧毒性。随着WTO的加入以及环保的需要，国家已经出台了政策限制"有机胂"的使用。

36. 生产绿色猪肉对饲料添加剂有哪些要求？

绿色猪肉是指按特定生产方式生产，不含对人体健康有害物质或因素，经有关主管部门严格检测合格，并经专门机构认定、许可使用"绿色食品"标志的猪肉。因此，要求所使用的饲料添加剂必须符合饲料添加剂标准的有关规定；所用饲料添加剂必须来自有生产许可证的企业，并且具有企业、行业或国家标准，产品批准文号，进口饲料和饲料添加剂产品登记证及配套的质量手段。同时还应遵守以下准则：优先使用绿色食品生产资料的饲料类产品；至少90％的饲料来源与已认定的绿色食品产品及其副产品，其他饲料原料可以是达到绿色食品标准的产品；禁止使用任何药物性饲料添加剂，禁止使用工业合成的油脂，禁止使用激素类、安眠镇静类药品；营养性饲料添加剂的使用量应符合国家有关规定的营养需要量及营养安全幅度。

37. 养猪使用益生素有哪些好处？

益生素又称促生素或生菌剂，是指具有防止腹泻和促进动物生长作用的微生物制剂。由于益生素没有抗生素的残留、耐药性问题，对动物没有什么不利影响，应用前景比较广阔。特别是对提高猪的健康水平，促进生长具有良好的作用。

（1）产生乳酸，使肠道 pH 降低，保持肠道内微生物群正常化，可预防或治疗下痢。

（2）产生过氧化氢及天然的抗菌物质，抑制和杀灭有害细菌微生物。

（3）可产生淀粉分解酶、蛋白分解酶等多种消化酶及 B 族维生素，增加血液中的钙、镁等矿物质元素的吸收利用。

（4）减少有害物质的生成，降低肠内粪便及血液中的氨量。

目前适用于猪的益生素制剂，主要有乳酸杆菌制剂、双歧杆菌制剂、枯草杆菌制剂等。

38. 市售商品饲料有哪些？

市场上销售的商品饲料主要有配合饲料、浓缩饲料、添加剂预混合饲料等几种。

39. 什么叫配合饲料？配合饲料有什么好处？

根据饲养标准科学地将几种饲料（原料）按一定比例混合在一起形成的营养全面的饲料称为配合饲料。用配合饲料养猪有以下几点好处：

（1）**促进生长**　由于配合饲料是根据不同品种类型、不同生长阶段、不同生产目的猪的营养需要而设计的饲料配方，配合成营养平衡的日粮，营养物质利用率高，可促使生猪快速生长。

（2）**合理利用各种饲料资源**　配合饲料生产时是将几种饲料混合使用，饲料之间营养物质相互补充，可以最合理地利用各种饲料，减少浪费。

（3）**预防营养不足**　配合饲料添加的微量元素、维生素和氨基酸等添加剂，对生猪的生长发育极为有利，可防止营养不足、缺乏和中毒现象，可以抑制病原微生物的生长，减少疾病发生。

（4）**降低成本，提高经济效益**　配合饲料可直接用于喂猪，不需再加工、煮熟，既节省劳力，又节省燃料，降低养猪成本，提高经济效益。

40.　配合日粮时应遵循哪些基本原则？

（1）**选用适合的饲养标准**　根据猪的品种、年龄、生长发育阶段以及生产目的和水平，选用适当的饲养标准，确定营养需要量。

（2）**饲料品种多样化，搭配合理**　充分利用当地饲料资源，力求饲料品种多样化，至少要4～5种，精、青、粗饲料合理搭配，以发挥饲料相互促进、协作、互补、制约的生物学作用，提高利用率。

（3）**保证饲料品质，注意适口性**　要求采用的原料无毒害，不霉烂变质，不苦涩，无污染，无砂石杂质等，适口性好。

（4）**注意日粮体积，控制粗纤维含量**　要注意饲料干物质量，使饲料的体积与猪的消化道容积相适应，保证猪能吃得下、吃得饱，又能满足营养需要。应根据猪的消化生理特点，按饲料标准的限量，有区别地控制饲料中纤维含量，仔猪不超过4%，生长育肥猪不超过8%，种公猪、种母猪不超过12%。

（5）**饲料要相对稳定，配合要均匀**　改变饲料种类或比例要缓慢进行，骤变会造成消化不良，影响生长。饲料配合要均匀，特别是微量元素和维生素，在饲料配制中所占比例甚微，必须粉碎后与少量辅料混合均匀，然后再与更多辅料混合，再混入混合料中。

（6）**要考虑经济原则**　在满足猪营养需要的前提下，应尽量选用价格低廉、来源广泛的饲料，坚持因时、因地制宜，就地取材，充分利用当地饲料品种资源，节省运费，降低饲料成本，提高经济效益。

41. 颗粒饲料是干喂好还是水泡饲喂好？

颗粒饲料属于配合饲料的一种，喂猪时一般不宜加水，因为颗粒饲料是全价配合粉料熟化后经颗粒饲料机压制而成。虽然制料中某些营养受到一些损失，但饲料受短时高温高压，发生一定糊化，并杀死了一些病原微生物及寄生虫卵，使豆类中的某些不利于消化吸收的有害物钝化。另外，颗粒饲料干喂具有适口性好，消化率高，便于投食，损耗小，不易发霉等优点。如果水泡后，尤其是加水过多，猪食入胃中后，致使饲料与消化液接触的面少，不利于消化。水泡后还会引起水溶性维生素丢失。因此颗粒饲料以干喂为宜。

42. 什么叫饲养标准？

根据猪的不同性别、年龄、体重、生产目的和水平，以生产实践中积累的经验为基础，结合能量和物质代谢试验和饲养试验的结果，科学地规定一头猪每天应该给予的能量和营养物质的数量，这种规定，称为饲养标准。目前使用的主要有国际标准、国家标准、地方标准和企业标准等。

饲养标准包括日粮标准和每千克饲粮养分含量标准两项基本内容。日粮标准即规定每头猪每天需要喂多少风干料，主要有日增重、采食量、饲粮所含的消化能、粗蛋白质、氨基酸、钙、磷、微量元素和多种维生素等指标。每千克饲粮养分含量标准具体指标同日粮标准，在生产实践中，一般均是按照每千克饲粮养分含量标准设计饲料配方。然后按日粮标准规定的风干料量定额投料饲喂，或不限量饲喂。

43. 农家自配饲料应注意哪些问题？

（1）合理选择原料　原料品种要多样化，以6种以上为宜，以达到其营养成分互相补充的目的，原料适口性要好，并注意因地制宜，就地取材，宜选用营养成分高、价格便宜、来源有保障的原料。所选原料的体积应与生猪消化道容积相适应，体积过大，消化道负担过重，影响饲料的消化吸收；体积过小，虽然营养得到满足，但生猪仍有饥饿感，表现急躁不安，影响生长发育。

（2）**加工调制要合理** 对玉米、豆类、稻谷等籽实原料要粉碎，豆类、棉籽饼均要煮沸，破坏胰蛋白酶抑制素和棉酚毒，菜籽饼要去掉芥酸等，以提高饲料的消化率。

（3）**混合要均匀** 各种原料按照配比称好后，先把玉米、麸糠、饼类等数量多的基础料混合均匀，再加入用量少的其他原料混合均匀。

（4）**科学存放管理** 农家自配饲料应遵循随用随配的原则，配好的饲料不宜长期保存，以防霉败变质。一般夏季存放20天左右，冬春季节可稍长一些。存放时要注意室内通风、透光、干燥，做到无毒、无鼠害、无污染。

44. 饲料多样化有什么好处？

猪体生长发育和繁殖过程中需要各种营养物质，但在单一化的日粮中，往往营养物质不全面，不能满足要求，必须多种饲料搭配应用。这样可以发挥蛋白质的互补作用，从而提高蛋白质的消化率和利用率。如单用玉米面喂猪，其蛋白质的利用率为51%，单用骨肉粉则为41%，如果将2份玉米和1份骨肉粉混合喂猪，蛋白质利用率可提高到61%。

青饲料中各种营养物质较全面，搭配饲料时应给予充分供应，常年喂青饲料，猪的食欲旺盛，生长发育快，皮光毛顺，健康无病。

45. 怎样识别伪劣饲料？

一看：看饲料颗粒大小、形状、色泽、混合是否均匀，色泽是否一致，是否有异物、霉烂变质。

二闻：闻其饲料固有的气味，好的饲料有油脂香味或不太强的鱼腥味，无霉味等。有腐败气味或异常的刺激味均为劣质饲料。

三摸：用手捏紧饲料，松开手后饲料不散时，说明饲料中含有水量过高，这种饲料放置时间过长易霉烂变质。将手插入饲料有热感，说明饲料已开始发霉。

四听：搅动饲料听其声音，若发出类似金属振动的声音，说明饲料干燥，含水量过高的饲料搅动时无此声。

五尝：用嘴咀嚼品尝，看其是否混有泥沙、锯末及其他异物、异味。

46. 怎样鉴别鱼粉的质量？

（1）**查袋法** 检查包装袋上的缝线是否有被拆开的痕迹，如有重新包装的痕迹，可疑为假鱼粉。

（2）**闻味法** 正常鱼粉具有纯正的海鲜或鱼腥味，假鱼粉则有氨味或刺激性气味。

（3）**闻烟味** 燃烧鱼粉闻其气味，纯鱼粉具有烧头发丝的味道，假的为谷物芳香味。

（4）**外观法** 看其鱼粉的外观性状，纯正鱼粉颗粒大小均匀，可以看到鱼肉纤维，多呈黄白色或棕色，手捻松软。假的鱼粉磨得很细，呈粉末状，色较深。

（5）**水浸法** 将鱼粉与水按 1∶5 的比例放入烧杯内，如有沉淀或漂浮物多为假鱼粉，真鱼粉无此现象。

（6）**碱溶解反应** 将鱼粉放入 10％ 的氢氧化钠溶液内并煮沸，溶解的为真鱼粉，不溶解的为假鱼粉。

（7）**石蕊试纸法** 燃烧鱼粉，用石蕊试纸测定，试纸为红色，是假鱼粉。

（8）**加热法** 在杯内放入 30 克的鱼粉、10～15 克的大豆粉及适量的水，加热 15 分钟后，如有氨味，为假鱼粉。

（9）**酒浸法** 将鱼粉用白酒浸泡 15～20 分钟，然后滴入 1～2 滴浓盐酸，如发生反应并出现深红色者，为假鱼粉。

47. 现在市场上猪用饲料品种很多，该如何选择？

现在市场上饲料的品种很多，在选择时不要盲目，可以先向身边的同行了解，听听他们饲喂的效果和反映。一般来说，应尽量选择一些正规厂家生产的产品，因为正规厂家对原料的采购和饲料的检验都很严格，产品的质量相对有保证。如果能做饲喂对比试验，通过性价比对照选择，更能判断饲料的品质和效果。

48. 用豆饼喂猪时应注意哪些问题？

（1）饲喂量不宜过多　豆饼中含有一些有害物质，如抗胰蛋白酶、皂素、血凝素等，会影响蛋白质的吸收，喂多了容易引起拉稀，一般以猪的日粮中占有10％～20％为宜。

（2）配合其他饲料应用　豆饼中蛋氨酸的含量较低，应用时如与鱼粉、苜蓿草粉合用效果更佳。

（3）煮熟或炒熟后应用　生豆饼，特别是豆粕中含有一些不良物质，会影响适口性、蛋白质的消化率及猪的一些生理过程。加热处理后可除去有害物质，一般以加热到100～110℃为宜。

（4）注意贮存　豆饼中含有脂肪较多，易霉烂变质，应将其存放在干燥、通风、避光之处。

49. 养猪单喂玉米为什么长得慢？怎样用玉米喂猪？

一般来说，在蛋白质水平相同的饲养条件下，摄入能量越多，猪增重越快。而玉米蛋白质含量少，能量含量高，从营养角度来看，玉米属于低蛋白高能量饲料，且氨基酸种类不全，之间也不平衡，不能满足猪生长发育的需要。所以，民间长期单用玉米喂猪，特别是喂幼猪，增重比较缓慢。

使用玉米喂猪时，一定要选择水分低、无霉变的。对于新玉米，要放置2个月后才可使用。因为刚收获的新玉米含有一种可性淀粉，小猪食后容易发生腹泻。玉米粉碎后要及时用完，一般不宜超过 5 天，以免吸收水分而发生霉变。自拌粉料喂猪时，要采取湿拌料的方式，以干粉料与水的比例为 1：1.5，浸泡 20 分钟，以料中没有水分，抓在手中不成团，松手便散为宜。

50. 怎样用酒糟喂猪？

酒糟是酿酒的下脚料，其营养价值随原料的不同而不同。由于原料中的淀粉已变成酒，因而无氮浸出物较低，而蛋白质的含量相对提高，蛋白质品质却不良。酒糟中含 B 族维生素较多，但缺乏胡萝卜素和维生素 D 及钙质，并残留部分酒精。因此，用酒糟喂猪时必须注意以下几点：

（1）仔猪、妊娠后期和哺乳母猪不宜多喂，以免引起母猪出现流产、死胎、怪胎、弱胎和仔猪下痢等不良后果。

（2）要控制酒糟的喂量，一般新鲜酒糟不宜超过 25%，干酒糟应控制在 10% 以下，以免出现便秘。

（3）酒糟不能直接用来喂猪，喂前要加热，以使酒精蒸发。

（4）酒糟喂猪一段时间后，要停喂 7～10 天后再喂，以防慢性酒精中毒。

（5）一时喂不完的酒糟应在窖中或水泥地面彻底踩实保存，表层发霉结块变质的部分不能喂猪。

51. 血粉喂猪有什么营养价值？

血粉蛋白质含量较高（80% 左右），是粗蛋白质含量最高的蛋白质饲料之一，血粉内富含赖氨酸、色氨酸等，但缺乏异亮氨酸，矿物质含量较少。用凝血块经高温、压榨、干燥等工艺制成的血粉溶解性差，消化率低（70% 左右）；而直接将血液于真空蒸馏器中干燥所制成的血粉溶解性较好，消化率可达 96%。血粉适口性较差，一般用量应控制在 5% 以内，过多可能引起腹泻。

52. 用豆腐渣喂猪时应注意哪些问题？

（1）不能生喂　生豆腐渣中含有抗胰蛋白酶，易阻碍猪体对蛋白质的消化吸收，不宜生喂，应熟喂。

（2）喂量不宜过大　豆腐渣内含有丰富的蛋白质，如果喂量过大，易引起生猪的消化不良，一般以不超过饲料总量的1/3为宜。

（3）搭配其他饲料混喂　豆腐渣中缺少维生素和矿物质，所以，饲喂豆腐渣时必须搭配一定数量的大麦、玉米等精饲料。

（4）冰冻豆腐渣不能直接喂猪　用冰冻豆腐渣喂猪，易引起的猪的消化机能紊乱，一般应等解冻后喂饲为宜。

（5）酸败的豆腐渣忌喂　鲜豆腐渣内含水分较多，易变酸变质。所以，用豆腐渣喂猪时，应尽量使用新鲜无酸败的豆腐渣喂猪。

53. 养猪为什么要经常喂食盐？

食盐的主要成分是钠和氯，这两种元素在猪体内是不可缺少的，它们主要存在于细胞外液中，对维持渗透压的稳定、体细胞的正常兴奋性和神经冲动的传递起着非常重要的作用；氯是胃液中盐酸的组成成分，有助于蛋白质的初步消化；食盐还具有刺激唾液分泌，增强消化酶活性，促进食欲的作用。如果饲料中钠、氯供应不足，则猪正常生理机能受到影响，饲料蛋白质消化不良，皮毛粗糙，生长缓慢，产生异嗜癖，舔食污水、尿液等，易感染疾病。在猪的饲料中钠、氯的含量有限，必须在日粮中添加食盐才能满足猪的需要。

食盐的供给量，以占风干饲粮的比例计算，一般仔猪0.25%，生长猪0.3%，妊娠猪0.4%，哺乳猪0.5%为宜。若食盐供给量过多，易造成猪食盐中毒。

54. 怎样制作羽毛粉喂猪？

羽毛粉内含有80%以上的可消化粗蛋白质，比鱼粉的蛋白质含量还高。另外还含有17种氨基酸，以胱氨酸、精氨酸的含量最高。

在日粮中加入 1%～2% 的羽毛粉，可以代替等量的鱼粉，但羽毛中角质蛋白未经处理不能消化，经过加热（140℃、90 分钟）和加压后，蛋白质的消化率可提高到 70%～75%。

羽毛粉的制作方法步骤如下：

（1）**备料** 收集家禽羽毛，经翻晒后用水漂洗干净，沥干水分。

（2）**蒸煮** 用普通高压锅将洗净沥干的羽毛在 2.5 千克/平方厘米的压力下蒸煮 1 小时，每隔 10min 搅拌一次，然后捞起晾干。

或酸煮，方法是每千克干羽毛浸入 4～5 千克 20% 的稀盐酸内，置入锅中加盖煮沸，不断搅拌，当羽毛一拉即断时，捞出晾干。

（3）**清洗** 煮后的羽毛用清水充分漂洗，除去盐酸。

（4）**晾干** 清洗干净的羽毛用烘干设备烘干，或置于阴凉通风处晾干，使含水率降至 25%～30% 为宜。

（5）**粉碎** 经晾干的羽毛，利用粉碎机将晾干的羽毛加工成粉末即为成品。

经处理的羽毛粉消化率可达 80%～90%，未经处理的羽毛粉消化率只有 30% 左右。

55. 鸡粪作饲料有什么营养价值？

由于鸡消化道较短，饲料中营养物质不能被充分消化吸收，故鸡粪中剩余的营养物质较多。鸡粪的营养物质含量与鸡的生长时期和鸡的经济用途有一定关系，肉仔鸡由于是高能量、高蛋白质饲养，其粪便中营养物质含量较高；蛋鸡粪则含钙量很高。

鸡粪的平均营养含量以干物质计算：粗蛋白质为 27.8%、粗脂肪 2.4%、无氮浸出物 30.8%、粗纤维 13.1%、水分 22.5%、钙 3%、磷 2%。

56. 怎样利用鸡粪作生猪饲料？

用鸡粪作饲料喂猪，价格低廉，可节省相当一部分的精饲料（主要是蛋白质饲料）。其饲喂方法主要有以下几种：

（1）干喂 将鸡粪除去杂质后，置于 70℃ 条件下经 24 小时烘干，以杀灭病原微生物和消除臭味，喂前将鸡粪粉碎掺入日粮中。晒干与烘干相似，只是晒干的鸡粪其养分损失较多。

（2）发酵饲喂 在新鲜鸡粪中，加入 30% 的干燥、粉碎的粗饲料和糟渣饲料，如草粉、酒糟、粉渣、糖渣等，搅拌均匀，使鸡粪含水量降至 50% 左右，装入缸、罐、窖、池或塑料袋等容器内进行发酵（环境温度不低于 15℃），及时检测其中的温度。当鸡粪中温度上升到 40% 时便开始翻拌，使其通气降温，使鸡粪的温度不超过 45℃。3 昼夜后，待鸡粪有浓厚的酒或醋香味时，便可打开容器口，将鸡粪取出晒干，或随取喂随封严。

（3）青贮饲喂 经晒干或烘干的鸡粪，掺入约 10% 的能量饲料（如玉米面、麸皮等），加水拌匀，使水分含量达 60% 左右，再与切碎的青贮原料以 20%～30% 的比例掺拌均匀，入窖、踩实、封严。经 45 天后，鸡粪变成黄绿色浆状，并有酒香味时，便可饲用。

（4）热喷饲喂 将鸡粪去杂、干燥后装入热喷机中，经过高压蒸汽（每立方厘米 3～3.5 千克）5～15 分钟的作用后，即为膨化鸡粪，既可直接配料喂猪，又可晒干贮备，适口性好，消化率高。

（5）糖化饲喂 将鸡粪除杂、干燥、粉碎后加入清水，搅拌均匀（以手握鸡粪不滴水为宜），与洗净切碎的青菜充分混合，装缸压紧后，表面撒上 3 厘米厚的麸皮或米糠，封口。夏季放在阴凉处，冬季放在室内，10 天即可糖化。

（6）化学处理饲喂 在含水分 60% 左右的鸡粪中，按干重的 0.5% 或 1% 加入硫酸或磷酸，使水分降到 35% 左右，再加入 0.5% 的甲醛，充分搅拌后，风干到含水分 30% 左右，再加入 2% 的尿素，使尿素充分溶解，自然干燥到含水分 5%～10%，装袋备用。注意：每加一次药剂后，要充分拌匀并晾晒 4～6 小时。

57. 用鸡粪作猪饲料时应注意哪些事项？

（1）收集的鸡粪要新鲜，特别是夏季超过 24 小时或已腐败变味的最好不用，来自疫区的鸡粪绝对不能使用。

（2）鸡粪收集后要经过适当处理后再饲喂，以改善其适口性，提高营养物质的消化率，减少有毒、有害物质对猪的危害。

（3）鸡粪中粗蛋白质含量高，但能量较低，饲喂时必须与一些高能饲料如玉米、大麦、小麦等混合，鸡粪的用量以占日粮干物质的20％～40％为宜。

（4）鸡粪的适口性相对较差，开始饲喂时喂量不宜过高，要逐步增加在日粮中的含量，以免引起消化道疾病，同时应适当减少青饲料的供给量，保证精料的摄入达到一定量。

58. 怎样用蚯蚓喂猪？

蚯蚓是一种高蛋白质饲料，其干物质内含有粗蛋白质55％～60％。通常人工养殖蚯蚓，做成蚯蚓粉用来喂猪。

蚯蚓粉的制作方法：将活蚯蚓用清水漂洗干净，焯烫均匀（置沸水中烫1～2分钟），经过摊凉、晒干、捣碎、粉碎、过筛，然后用塑料袋包装防潮备用。一般4.5～5千克的鲜蚯蚓可制出1千克蚯蚓粉，体重25千克以下的猪日喂10克；25～50千克的猪日喂25克；50千克以上的猪日喂50克。每天一次，一般喂量不得超过日粮的8％。

59. 怎样用棉籽饼喂猪？

棉籽饼是棉籽榨油后的副产品，其营养价值较高，含粗蛋白质43.17％，钙、磷含量与豆科饲料相当，但因含有毒物质棉酚，若长期大量喂猪会引起中毒。因此，必须经过去毒处理限量喂猪。棉籽饼去毒处理方法：

（1）**煮沸法** 将粉碎的棉籽饼，用温水浸泡8～10小时后，将浸泡液倒掉，再加适量水（以浸没棉籽饼为宜），煮沸1小时，边煮边搅拌，冷却后即可饲喂。

（2）**碱水浸泡法** 用5％石灰水、2.5％草木灰或小苏打溶液浸泡24小时，然后倾去浸泡液，用清水洗滤3遍后即可饲喂。

（3）**硫酸亚铁溶液浸泡法** 将棉籽饼用1％硫酸亚铁溶液浸泡24

小时，泡后去除浸泡液可直接饲喂。

（4）**棉籽饼饲喂注意事项**　用棉籽饼喂猪时日粮营养要全面，特别要注意保证蛋白质、维生素及矿物质的供给，可采取棉籽饼与豆饼等量配合使用，或棉籽饼与动物蛋白质饲料搭配起来。棉籽饼的用量，母猪不宜超过日粮的 5％，生长育肥猪不超过 10％，妊娠母猪、幼猪和种猪，尽可能少喂，最好不喂，一般饲喂 1 个月停喂 1 个月，或喂半个月停半个月。

60.　发霉饲料的去毒方法有哪几种？

由于饲料存放环境潮湿或饲料含水量超标及仓库通风不良等，均会引起饲料发霉、腐烂、变质，造成饲料浪费，或猪食入后引起中毒。因此，要积极做好饲料的保存工作，防止饲料发霉。发霉饲料可采取下列方法去毒：

（1）**水洗法**　将发霉的饲料放入缸中，加清水（最好是开水）泡开，并用木棒充分搅拌，如此反复清洗 5～6 次后，便可用来饲喂猪。

（2）**蒸煮法**　将发霉饲料放在锅中，加水煮沸 30 分钟或蒸 1 小时去掉水分即可喂猪。

（3）**石灰水法**　将发霉饲料放入 10％的纯净石灰水中浸泡 3 天，再用清水漂洗干净，晒干后即可饲用。

（4）**氨水法**　将发霉饲料的含水量调至 15％～22％，装入缸中，通入氨气，密封 12～15 天，再将其晒干，即可饲用。

（5）**脱霉剂**　现在市场上有许多脱霉剂，按照使用说明在饲料中添加，也能起好的去毒效果。

61.　无公害生猪生产的关键环节有哪些？

（1）**生猪科学饲养模式控制，确保生猪种质优良健康**　基地采取种养结合、自繁自养、全进全出的饲养方式，并按无公害饲养标准对生猪饲养基地的环境水质进行检验检测。

（2）**开展动物疫病检测**　对生猪养殖基地开展重大的人、畜共患病检测，净化基地环境。

（3）**饲料及饲料添加剂质量监控**　开展对饲料原粮、饲料、饲料预混料及饲料用水质量检测，实行饲料原料、饲料预混料的质量控制和定点生产供应，严禁超量不合理添加兽药及饲料添加剂，使用宰前停药饲料，全面实行宰前 15～20 天生猪停药制度。

（4）**违禁高残留兽药的控制**　筛选养猪基地兽药品种，严格禁用盐酸克仑特罗等国家规定的违禁药物，对生猪养殖基地开展不定期抽样检测，出栏前治疗过的生猪实行隔离饲养。

（5）**严格屠宰环节兽医卫生检疫**　对生猪实施机械化单独规范屠宰，对生猪旋毛虫、猪囊虫等实施逐头检验，剔除病害生猪，对屠宰加工环节的生产环境卫生进行检验检测。

（6）**开展屠宰环节安全指标检验**　重点抽取猪肉、猪肝、猪尿样对盐酸克仑特罗、兽药、农药、铅、砷、铜等重金属等的残留进行检验，对有害微生物的污染情况进行检验。

（7）**屠宰加工运输环节冷链配送**　屠宰后胴体猪肉实行 0℃ 预冷，预冷后的胴体猪肉通过封闭悬挂式空调专用车配送到超市，以确保猪肉在运输过程中不混杂、不挤压、不污染、不变质。

（8）**销售点环节质量控制**　猪肉销售点的储藏冷柜的配备，分割操作间及操作刀具的卫生，包装材料的质量控制，销售点的灭蝇、灭鼠措施实施完善，操作人员健康登记检查等。

（9）**市场肉品质量监督机制**　重点对违禁药物、致病微生物及重金属等有害物质开展检测。

（10）**生产环节间质量检控措施落实**　在养殖、屠宰、加工、运输、销售过程建立严格的生产、用药、出栏、检验、检疫等台账目录，并严格归档保存。另外，还要加强无公害猪肉标志的使用和管理。

三、猪的繁殖与杂交

62. 什么叫后备母猪？后备母猪有何生长特点？

母猪从 4 月龄到配种前称为后备母猪。

4 月龄以上的后备母猪，其消化器官比较发达，消化机能和适应环境的能力逐渐增强，是内部器官发育的生理成熟时期。小母猪在 4 月龄以前，相对生长速度最大，骨骼生长速度最快，4 月龄以后逐渐减慢；4～7 月龄肌肉生长快，6 月龄以后体内开始沉积脂肪。凡是生长快的小母猪，其繁殖的能力强，故应在后备母猪生长最快的时期，给予良好的培育条件，以获得较好的成年体重和今后的繁殖成绩。因此，培育后备母猪，要经常观察其生长情况，进行合理选择和淘汰。

63. 怎样选留后备母猪？

（1）父母本的选择　育种猪场要从核心母猪与优秀公猪的后代中挑选，商品猪场也必须是血统清楚的优秀公母猪的后代。种公猪要生长发育良好，饲料报酬高，胴体瘦肉率高，无遗传隐患；种母猪要产仔多，哺乳力强，母性好，且产仔两窝以上，窝产仔猪头数多，初生体重大。

（2）仔猪出生季节的选择　选留后备母猪一般多在春季，因为春季气候温和，阳光充足，青饲料容易解决，好饲养，到当年 8～9 月份体重、月龄均可达到配种的要求，体况、体质和生理机能均已成熟，能准时参加配种。

（3）仔猪的选择　仔猪生下后，从哺乳期开始注意挑选初生重，生长发育好，增重快，体质强壮，断奶体重大，有效乳头不少于 14 个，并且排列整齐均匀，无瞎乳头，外形无重大缺陷的小母猪。其选留的头数应是选留猪的 2.5～3 倍。

（4）**终选** 仔猪断奶后，公母猪分开饲养，直到小母猪体重达到 65 千克左右时，依据其父母本的性能，再参考个体发育情况，从同窝仔猪中挑选长得最快，个体大，无缺陷的留作种用。选留的小母猪按 5～10 头分组饲养，并在 10 天内每天将成年公猪放入小母猪群中 20 分钟，凡是在 18～24 天发情，且征兆明显，四肢、乳头数、生长速度和背膘厚度等指标均符合本品种特征的，可鉴定为合格的小母猪，在其第三次发情时可进行配种。在选留的后备母猪生头胎仔猪后，还要根据其繁殖情况进行第三次选择，选优淘劣。

64. 怎样饲养后备母猪？

根据后备母猪生长特点，在长骨骼的阶段，要保证供给足够的矿物质，尤其是供应足够的钙、磷，使骨骼长得细密结实，骨架大；在长肌肉阶段，则应供给足量优质的蛋白质饲料；在防止脂肪沉积阶段，要注意日粮的营养结构，少搭配精料和含碳水化合物饲料，多用青绿多汁饲料，适当加入动物性蛋白质饲料。当后备母猪体重达到 50 千克以上后，消化器官发育完善，其消化吸收能力大大增强，不仅食欲旺盛，采食量大，而且食饱贪睡。因此，要采取限制饲喂方法，不能让其自由采食，以免腹部下垂和过于肥胖。其限饲的方法是：根据猪的体重决定每头每天的饲喂量。后备母猪的食量可根据一次饲喂后，猪自动离开饲槽时所摄进饲料的数量判定，或根据投食后 5～6 分钟内吃食的数量，乘以饲喂次数即可计算出全天应给的饲料量，并随幼猪的增重、食量及粪便形状的变化逐渐增加给量，每天饲喂 3 餐，其中饲喂量早晨为 35％，中午为 25％，下午为 40％。

65. 怎样管理后备母猪？

（1）**适当运动** 运动既可锻炼身体，促进骨骼和肌肉的正常发育，保证匀称结实的体型，防止过肥或肢蹄不良，又可增强体质和性活动的能力，防止发情失常和寡产。因此，栏舍要设有运动场，让猪

自由活动，冬春季节可进行驱赶运动，每天上午和下午各运动一次，每天运动时间不少于2小时。

（2）**及时淘汰** 按照育种要求，应把不符合种用要求的初选后备猪及时予以淘汰作育肥用。

（3）**做好卫生防疫工作** 经常保持栏舍清洁卫生，根据传染病的发病规律，搞好各种预防免疫，并定期进行胃肠道和体外寄生虫的驱虫工作，发现疾病，及时给予治疗，以确保后备母猪健康。

（4）**掌握初配年龄** 为了提高繁殖率，必须掌握后备母猪的初配年龄，摸清每头母猪的发情规律，适时配种。我国地方品种母猪一般在3月龄左右开始发情，培育品种和杂交品种性成熟较晚，4～5月龄发情。过早配种不但产仔数少，而且影响母猪本身的生长发育；过晚配种又会增加育成期成本。

66. 后备母猪什么时候开始配种为宜？

本地猪品种，一般在生后的3～4月龄开始发情；外国及我国的培育品种，一般在生后的4～5月龄开始发情，虽然此时母猪有配种的欲望及受胎的可能性，但这时由于小母猪本身还未达到体成熟，生殖系统发育尚未完善，自身也正处于生长发育的旺盛时期，不能让其参加配种。如果配种过早，不仅产仔数少，而且出生体重小，体质差，成活率低，还会影响以后的生长发育。

一般来说，在母猪的第三个发情期配种最为适宜，因为此时的小母猪体重已达成年猪的50%左右。一般认为，地方品种的初配年龄应在生后的6～8月龄，体重60～70千克以上；国外引入品种、我国的培育品种和杂交种的初配年龄应在生后8～10月龄，体重80～100千克以上。

67. 什么叫性成熟和体成熟？

性成熟是指青年公猪开始产生精子，青年母猪出现发情、排卵、有性欲要求，此时如配种即可繁殖后代。猪达到性成熟后，其身体仍处在生长发育阶段，经过一段时间后，才能达到体成熟。性成熟只表明生殖器官开始具有正常的生殖机能，并不意味着身体发育完全。如果此时就开始配种，则会影响其身体的发育，降低种用价值，缩短使用年限。一般应在猪达到或接近体成熟时配种最好。

68. 母猪为什么要发情？

母猪性成熟以后，卵巢开始产生卵子（卵泡），由于大脑皮层受到光线、温度、饲料和公猪等外界因素刺激，使脑下垂体分泌一种促卵泡成熟的激素，能促进卵泡迅速生长发育。在卵泡成熟的过程中，卵泡又分泌出一种动情素，刺激大脑皮层的性中枢，激发母猪发情。

69. 什么叫发情周期？母猪发情有何征兆和规律？

母猪从上次发情开始到下次发情开始，称为发情周期，一般18～24天，平均为21天。

母猪发情时的征候在个体也会具有一定的差异，其一般特征是：从外表观察，首先是阴门潮红、肿胀，而其红肿程度有轻有重，白毛猪较易看出，黑毛猪不易看出。同时，母猪食欲减退，采食明显减少，精神兴奋，躁动不安。随着阴门的肿胀加重，阴道逐渐流出黏液，但黏液较稀，这时的母猪不让公猪爬胯。此阶段称为发情前期，持续1～2天。接下去食欲进一步下降，有的猪根本就不采食，在圈内起卧不安，频频排尿，常互相爬胯、爬圈墙等。此时的母猪喜欢公猪爬胯，如用手或木棍按压其腰部，则往往呆立不动，这称为"压背反射"，阴道黏液这时也变得非常浓稠，此阶段称为发情中期。到了后期，母猪阴门逐渐消肿，压背反射消失，也不再接受公猪爬胯，食欲也逐渐趋于正常。

母猪发情持续时间，随品种、年龄、个体不同而有差异，一般为3～4天。后备母猪发情时间比经产母猪长，壮年母猪比老年母猪长，地方品种比国外品种及培育品种时间长。如果在发情期间不配种或配而不孕，那么在下一个发情周期还会发情。在哺乳仔猪断奶后，多数

母猪在 3～7 天内就会又出现发情。少数母猪也会在哺乳期间发情，但征候不太明显。

70. 发情母猪什么时候配种最为适宜？

为给发情母猪适时配种，比较实用而准确的办法是掌握母猪发情以后的表征，根据表征选择配种时机，可归纳为"四看"。

一看阴户：发情母猪阴户由充血红肿变为紫红暗淡，肿胀开始消退，出现皱纹，此时为配种最佳时期。

二看黏液：发情母猪从阴门流出浓浊黏液，往往粘有垫草；或用拇、食指扯开黏液呈丝状，此时期配种最为适宜。

三看表情：发情母猪呆滞，喜伏卧，人以手触摸其背腰，呆立不动，双耳直竖，用手推按臀部，即不拒绝，反而向人手方向靠拢，此时配种，受胎率最高。

四看年龄：俗话说，"老配早，少配晚，不老不少配中间"，即老龄母猪发情持续期短，当天发情下午配；后备母猪（年龄小）发情期较长，一般于第 3 天配；中年母猪（经产母猪）宜在第 2 天配。只要适期配种掌握好，一般配种一次即可。但为了确保受胎，增加产仔数，通常进行重复配种，即用同一公猪，隔8～12小时再交配一次。

对于个别母猪，特别是引进品种（如长白猪），有时往往看不出任何明显的发情表征，常常造成失配空怀，影响繁殖。因此，必须留心察情，或采用公猪试情，抓住时机，适时配种。

71. 个别母猪为什么不发情或屡配不孕？

造成母猪不发情或屡配不孕的原因很多，主要有以下几方面：

（1）母猪过瘦　由于母猪怀孕期间或哺乳期营养不足，或由于哺育仔猪过多，时间过长，使母猪机体消瘦，缺乏繁殖所需的营养，正常的生理活动受到影响，故而长久不发情。

（2）母猪过肥　母猪食欲旺盛，体重增加快，再加上不限量饲养，致使机体过肥，卵巢及其生殖器官被脂肪包埋，母猪排卵减少或不排卵，出现母猪屡配不孕，甚至不发情。常见于后备母猪、哺育仔猪过少的母猪和长期未怀孕的母猪。

（3）**生殖器官有病态** 母猪子宫等生殖器官有炎症或发育不全及异常等现象，都会造成母猪不孕。

（4）**精液质量差** 公猪的精液量少、死精多、质量差也会造成母猪不孕。

72. 母猪在夏季为什么发情率低？

季节对母猪繁殖力的影响比较明显。猪虽然是无季节性发情，但在夏季发情表现不明显，配种的受胎率也较低。这是因为炎热季节（6～9月份）母猪采食量减少，摄入的有效能量下降，导致正常激素分泌系统机能发生障碍所致。

据资料报道，夏季如果给予含3％脂肪水平的饲料，仔猪断奶后10天发情的母猪仅占34％。喂给10％脂肪水平的饲料则比3％脂肪水平的母猪发情早。试验证明，哺乳期母猪每天摄入66.90兆焦消化能，在仔猪断奶后5天即可发情；摄入50.21兆焦消化能，则需要6～10天发情；摄入33.47兆焦消化能的母猪则至少要25天。

73. 促进母猪正常发情和排卵有哪些方法？

（1）**公猪诱导** 用试情公猪追逐久不发情的母猪，或把公猪和母猪关在一栏内，可刺激母猪发情排卵。

（2）**控制哺乳时间** 将母仔分栏关养，控制仔猪吃乳次数。3周龄仔猪间隔4小时哺乳一次，1月龄仔猪间隔6～8小时哺乳一次，间隔哺乳6～9天后母猪就可以发情配种。

（3）**并窝饲养** 把产仔头数少的母猪所产的仔猪全部寄养给其他母猪哺育，使这些母猪不再哺乳，就可以很快发情配种。

（4）**仔猪提早断奶** 在仔猪7～10日龄时开始诱食全价配合饲料，使其25日龄时进入旺食期，这样做仔猪就可在28日龄左右断乳，全部饲喂全价配合饲料，母猪即可提早发情配种。

（5）**按摩乳房** 对空怀母猪或后备母猪在早晨喂料后，使母猪侧卧地面上，饲养人员整个手掌由前往后反复按摩母猪乳房，待母猪乳房皮肤微显红色及按摩者手掌有轻微发热时为度。一般需按摩10分钟，每天一次，待母猪有发情征象后，将手指作半曲成环状，围绕母猪乳头周围作圆周运动，先表面按摩5分钟，再深层按摩5分钟，此种方法不仅可以促进母猪乳房和生殖器官的发育，而且还能促进母猪发情排卵。

（6）**户外活动** 对长期不发情的母猪，可在晴天放入户外晒太阳，并由饲养人员驱赶母猪运动半小时，天天坚持，从不间断，即可促进母猪发情排卵。

（7）**激素催情** 常用三合激素（每毫升含丙酮睾丸素25毫克，黄体酮125毫克，苯甲酸雌二醇15毫克），一次肌内注射2毫升，5天内发情率可达92%以上。对因内分泌紊乱引起的发情障碍的母猪，也可以试用三合激素催情。

74. 猪常用的配种方式有哪几种？

母猪的配种方法有本交和人工授精两种，其中本交是指发情母猪与公猪所进行的直接交配。生产中常用的交配方式有四种，即单次配种、重复配种、双重配种和多次配种。

（1）**单次配种** 即母猪在一个发情期内，只与一头公猪交配一次。这种配种方式的优点是能提高公猪的利用效率，但是如果饲养人员经验不足，掌握不好母猪的最佳配种火候，受胎率和产仔数则都会受到影响。

（2）**重复配种** 即母猪在一个发情期内，用同一头公猪先后配种两次，在第一次配种以后，间隔8～24小时再配种一次。这种配种方式，可以增加卵子的受精机会，提高母猪的受胎率和产仔数。在生产中，经产母猪都采用这种方法。

（3）**双重配种** 即在母猪的一个发情期内，用同一品种或不同品种的2头公猪，先后间隔10～15分钟各配种一次。这种配种方式能促使母猪多排卵，并使卵子可选择活力强的精子受精，从而提高母猪的受胎率和产仔数，生产商品猪的猪场可采用此种方式。但在种猪场或准备留种的母猪，则不能采用双重配种，否则会造成血统混乱。

（4）**多次配种** 即在母猪的一个发情期内，用同一头公猪交配 3 次或 3 次以上，配种时间分别在母猪发情后的第 12、24、36 小时。这种配种方式，虽能增加产仔数，但因多次配种增加了生殖道的感染机会，易使母猪患生殖道疾病而降低受胎率。

75. 怎样正确给猪配种？

（1）**选好配种地点** 公母猪交配的地点，以在母猪舍附近为好，要绝对禁止在公猪舍附近场地配种，以免引起其他公猪的骚动不安。

（2）**人工辅助** 在公母猪交配时，应当施以人工辅助。当公猪爬稳母猪以后，要迅速从侧面牵拉母猪的尾巴，以避免公猪的阴茎摩擦母猪的尾巴，造成伤害或体外射精。当公猪经过数次努力而阴茎不能顺利进入阴道时，可用手握住公猪包皮引导阴茎插入母猪阴道。交配时要保持环境安静，严禁大声吵闹或鞭打公猪。交配后，用手轻压母猪的腰部，以免母猪拱腰精液流出。配种完毕后，要及时登记配种公猪的耳号和配种日期，以便推算预产期和以后查找后代的血统。

（3）**控制公猪体力** 公猪是多次射精的家畜，一次交配时间可长达 15～20 分钟，射精的累计时间约 6 分钟，体力消耗较大。如果公猪配种量不大，可以不控制其射精，任其配完下来。但当公猪配种负担量较大或很集中时，为减少体力消耗，则可把每次交配的射精次数控制在 2 次为宜。其方法是：当公猪射精 2 次后，慢慢赶母猪向前走动，当公猪跟不上时，自然会从母猪背上滑下来，切忌用鞭子驱赶公猪下来。公猪射精时停止抽动，睾丸紧缩，肛门不停地颤动。在射精间歇期间，公猪又重新抽动，睾丸松弛，肛门停止颤动。

76. 给母猪配种时应注意哪些事项？

（1）**避开公母猪血缘，防止近亲交配** 近亲交配会产生退化，使产仔数减少，死胎、畸形胎大量增多，即使产下活的仔猪，也往往体质不强，生长缓慢，一般应事先做好配种计划，配种时严格按照配种计划执行。

（2）**公母猪体格不能差别太大** 如果母猪太小或后腿太软（太瘦），公猪体格过大，则易使母猪腿部受伤。如果公猪过小，母猪太高大，则不能使配种顺利进行。

（3）**公猪采食后半小时内不宜配种** 刚采食完的公猪腹内充满食物，行动不便，影响配种质量，配种时劳动强度很大，体力消耗较多，影响食物消化。

（4）**选择一天当中合适的时间配种** 夏季中午太热，配种应在早、晚进行。冬季清早太冷，则应适当延后。

（5）**配种场地不宜太滑** 太光滑的地面，再加上交配时流出的精液等洒在地上，特别容易使公母猪滑倒。

77. 怎样判断母猪是否妊娠？

（1）**根据发情周期判断** 猪的发情周期大致为3周时间，若配种后3周不再发情的，就可推断已经妊娠，特别是对配种前发情周期正常的母猪比较准确。

（2）**根据外部特征及行为表现来判断** 凡配种后表现安静，能吃能睡，膘情恢复快，性情温驯，皮毛光亮并紧贴身躯，行动稳重，腹围逐渐增大，阴户下联合紧闭或收缩，并有明显上翘的，可能已经妊娠。

（3）**根据乳头的变化判断** 约克夏母猪配种后，经过30天乳头变黑，轻轻拉长乳头，如果乳头基部呈现黑紫色的晕轮时，则可判断为已经妊娠。但此法不适宜长白猪的妊娠诊断。

（4）**验尿液** 取配种后5～10天的母猪晨尿10毫升，放入试管内测出相对密度（应为1.01～1.025），若过浓，则须加水稀释到上述相对密度，然后滴入1毫升5%～7%的碘酒，在酒精灯上加热，达沸点时，会出现颜色变化。若母猪已妊娠，则尿液由上而下出现红色；若没有妊娠，则尿液呈淡黄色或褐绿色，而且尿液冷却后颜色会消失。

78. 什么叫假妊娠？怎样防治母猪假妊娠？

母猪配种后并未妊娠，但肚子却一天天大起来，乳房也逐渐膨大，到"临产"期前后，甚至还能挤出一些清奶，但最后不产仔，肚子与乳房又逐渐缩回，这种现象称作假妊娠。

引起假妊娠的原因：一是由于胚胎早期死亡与吸收，而妊娠黄体不消失（持久黄体），致使孕酮继续分泌，好像妊娠仍在继续。二是由于营养不良、气候多变，以及生殖器官疾病，造成母猪内分泌紊乱，致使发情母猪排卵后所形成的性周期黄体不能按时消失（持久黄体），孕酮继续分泌，抑制了垂体前叶分泌促滤泡成熟素，滤泡发育停滞，母猪发情周期延缓或停止。在孕酮的作用下，子宫内膜明显增生、肥厚，腺体的深度与扭曲度增加，子宫的收缩减弱，乳腺小叶发育。

防治母猪假妊娠，主要是改善母猪配种前后的营养条件，预防、治疗母猪生殖道疾病，做好冬季与早春的防寒、保温工作。早春配种的母猪在配种前，应适当多喂些青绿多汁饲料或多种维生素，以保证滤泡的正常发育。为溶解持久黄体，可给母猪肌内注射前列腺素5毫克与孕马血清1 000国际单位。

79. 什么叫季节产仔？有哪些优点？

季节产仔就是将母猪群集中在一定的季节配种，使其在相同的季节内集中产仔。其优点主要有以下几方面：

（1）**可以避开严冬和炎热的夏季配种、产仔**　南方各地可以将母猪安排在5月、11月份配种，来年的3月、9月份产仔。

（2）**便于管理**　在母猪集中配种、产仔期间，可以组织专人负责管理，从而节约人力、物力，减少开支。

（3）**提高母猪利用率**　母猪产仔多时（超过其有效乳头数时），可把多余的仔猪转入产仔较少的母猪代哺或几窝仔猪头数少的合并为一窝，让一头母猪哺育，其余母猪就可以发情配种。

（4）便于饲养，节省饲料 母猪集中产仔，可以充分利用本地饲料资源，因地制宜，减少运费等开支。

80. 怎样选择母猪产仔季节？

适宜的配种和产仔季节应根据猪场和养猪家庭的具体情况综合考虑。从猪的生理角度考虑，产仔季节的气候温暖，能提高仔猪的成活率，而且青绿饲料丰富，有利于仔猪的生长发育。从经济效益方面来说，产仔季节要选在需要仔猪多，用于出售的时机。另外，产仔数虽然不依产仔时期而变化，但在不同季节母猪的泌乳能力有差异，因而导致仔猪断奶体重也有差异。实践证明，在酷暑 7～8 月份产仔时，不利于仔猪的生长，而且容易发病，母猪哺乳时，也会因吸血昆虫等的袭击而影响健康。从仔猪市场看，此时正处于猪肉消费淡季，养猪户空圈少，因而仔猪销售困难。冬季分娩时，气温低，防寒比较困难，而且青饲料不足，仔猪生长发育慢，且容易受凉而发生下痢。

综上所述，产仔季节一般安排在春、秋两季比较合适，即在 4～5 月份配种，8～9 月份产仔；10～11 月份再配种，次年 2～3 月份产仔。

81. 推广猪的人工授精技术有什么好处？

猪的人工授精是利用人工方法采集公猪的精液，经过必要的处理，将合格的精液输入到发情母猪的生殖道内，使母猪受胎。人工授精与自然交配相比，具有显著的优越性。

（1）可以提高优良公猪的利用率，加速猪种改良。自然交配时，一头公猪一次只能和 1 头母猪交配。而人工授精，一头公猪一次的采精量可以给 10 头左右的发情母猪配种，既提高了种公猪的配种效率，又有利于实现猪群的良种化。

（2）可以减少种公猪的饲养头数，节约饲料等饲养管理费用，降低饲养成本。

（3）可以克服因公猪体重、体型悬殊太大而造成的配种困难，或母猪生殖道某些异常而造成的配种困难。

（4）采出的精液，经过稀释可长时间保存，经过运输可使母猪配种不受地区限制和有效地解决公猪不足地区母猪的配种问题，有利于杂交改良工作的开展。

（5）人工授精便于采用重复输精和混合输精等繁殖技术。输精前精液都经检查，只有优质的合格精液才能用于输精，而且可以选择最适当的时机，将精液输到最适当的部位，能提高母猪的受胎率，增加产仔数和仔猪成活数。

（6）采用人工授精配种，公母猪不直接接触，可防止疾病的传播，特别是可有效地防止生殖器官疾病的传播。

82. 怎样采集种公猪的精液？

种公猪的采精方法主要有两种：一种是假阴道采精法，另一种是手握采精法。目前常用的是手握采精法，因为此种方法可灵活掌握公猪射精所需要的压力，操作简便，且精液品质好。

方法步骤：采精前，先消毒好采精所用的器械，并用 4～5 层纱布放在采精杯上备用。采精者应先剪平指甲，洗净消毒或戴上消毒过的软胶手套，穿上清洁的工作服，然后进行采精，其操作要领如下：

（1）**握** 采精员蹲在假母猪的右后方，待公猪爬上假母猪，应立即用 0.1％高锰酸钾水溶液擦洗公猪的包皮和污物，并用清洁毛巾擦干。在公猪出现性欲高潮伸出阴茎时，采精员应立即用左手（手心向下）握住公猪阴茎前端的螺旋部，握的松紧度以不让阴茎滑落为准。

（2）**拉** 随着公猪阴茎的抽动，顺势小心地把阴茎全部拉出包皮外。

（3）**擦** 拉出阴茎后，将拇指轻轻顶住并按摩阴茎前端，可增加公猪快感，促进完全射精。

（4）**收** 当公猪静伏射精时，左手应有节奏地一松一紧地捏动，以刺激公猪充分射精，一般先去掉最先射出的混有尿液等污物的精液，待射出乳白色精液时，再用右手持集精瓶收集。当排出胶样凝块时用手排除掉。

采精完后，顺势将阴茎送入包皮内，将公猪从假母猪身上赶下来。

83. 采精时应注意哪些事项？

（1）采精时一定要保持周围安静。

（2）种公猪在吃食前、后半小时内不能进行采精。

（3）采精最好在天亮前进行。

（4）采精后严禁种公猪下水洗澡和受到惊吓。

（5）采精员在采精过程中要注意安全，小心操作，以防被公猪咬伤、踩伤和压伤。

84. 怎样检查精液的品质？

为了保证输精后有较高的受胎率和产仔数，每次采精后和输精前必须进行精液检查。评定精液品质的主要指标如下：

（1）**射精量**　过滤后的精液数量叫射精量，一般为200～300毫升，最高可达400～500毫升。

（2）**精液的颜色**　正常精液为乳白色或灰白色。如混有尿液的呈黄褐色，混有血液的呈淡红色，混有浓汁呈黄绿色，混有絮状物的则表示公猪患有副性腺炎症，这些精液都不能用于输精。

（3）**精液的气味**　正常的精液有一种特殊的腥味，新鲜精液较浓。若带有臭味，则属于不正常精液。

（4）**精液的酸碱度**　用玻璃棒蘸取少许精液于酸碱试纸上，对照比较，正常精液的pH为6.9～7.5。pH超过或低于这一范围的，均不能用。

（5）**精液的密度**　指精子数量的多少，一般采用估测法。即滴一滴精液在载玻片上，轻轻盖上盖玻片，在300倍左右的显微镜下观察，如果整个视野中布满精子，则为"密"；若视野中精子之间距离均为一个精子的长度，则为"中"；若在视野中精子分布稀，空隙很大，精子间的距离超过一个精子的长度，则为"稀"。

（6）**精子活力**　指精子活动的能力。一般是根据显微镜下呈直线前进运动精子所占全部精子的百分比来表示精子活力。呈直线前进运动的精子越多，精子活力越强，输精后受胎率越高。活力低于 0.6 级（60％作直线运动），畸形精子超过 10％的精液一般不用。检查方法：先行在载玻片上滴一滴精液，盖上盖玻片（注意不要产生气泡），然后置于 300 倍左右的显微镜下进行观察。

85. **怎样稀释精液？**

精液在输精前必须用配制好的稀释液进行稀释。稀释的目的是延长精子存活时间，增加精液量，使精液得以充分利用。

精液稀释的种类很多，如葡萄糖—柠檬酸—卵黄稀释液。其制作方法：葡萄糖 5 克，柠檬酸钠 0.5 克，加蒸馏水至 100 毫升混匀过滤，煮沸消毒后冷却至 25～27℃，用消毒过的注射器吸取卵黄 15 毫升注入稀释液中，充分摇匀即成。稀释过程中要注意：稀释液的温度与精液温度相等，稀释液应沿杆壁徐徐加入，与精液混合均匀，切勿剧烈震荡；要避免直射阳光、药味、烟味等对精子产生不良影响；操作室的温度应保持在 18～25℃；精液稀释后应立即分装保存，尽量减少能耗；猪的精液以稀释 1～2 倍为宜。

86. **怎样进行输精？**

输精是人工授精最后一个技术环节，也是决定人工授精技术成败的关键。

（1）**输精用具**　猪的输精器由一只 50 毫升注射器连接一条橡皮输精管组成。

（2）**输精前的准备**　输精前，输精人员应将指甲剪短磨光，洗净擦干。所有输精器械要进行彻底洗涤、消毒，冲洗干净。母猪外阴部也要用 0.1％高锰酸钾或 1/3 000 新洁尔灭溶液清洗消毒。冷冻精液必须先升温解冻，经检查质量合格的方可用于输精。

（3）**输精**　让母猪自然站稳，输精员用左手将母猪阴唇张开，右手持输精管，先用少许精液蘸湿阴道口，然后将胶管缓缓插入阴道，并向前旋转滑进，直到子宫颈内。待插进 25～30 厘米感到插不进时，稍稍向外拉出一点，然后将精液注入子宫，输精量每头次为 20 毫升，输精不宜太快，一般每次需 5～10 分钟。输精时如有精液倒流，可转动胶管，换个方向再注入子宫内。输精完毕，缓缓抽出输精管，然后用手按压母猪腰部或在其臀部拍打几下，以免母猪弓腰收腹，造成精液倒流。

输精后，必须立即清洗好用具，然后带回消毒备用，并及时做好配种记录。

87. 提高人工授精受胎率有哪些技术要点？

（1）加强种公猪的饲养管理，使种公猪常年保持种用体况，精力充沛，性欲旺盛。

（2）调教利用好种公猪，使猪建立条件反射。

（3）所用器材必须洗刷干净，消毒处理。

（4）采的精液必须干净无污染，质量好，符合输精精液的标准要求。

（5）在母猪排卵高峰期进行输精，输精管要插入输精部位，即子宫颈第 2～3 皱褶处。经产母猪输精 2 次，初产母猪输精 3 次，每次间隔 24 小时，每次输精 10～15 毫升。发现精液逆流，应再补输一次。

88. 什么是母猪深部输精技术？

母猪深部输精技术是近 10 年来在发达国家兴起的母猪人工授精技术的新突破。

传统的输精技术（一般每份精液含有 30 亿～40 亿个精子）是将精液输到母猪子宫颈口，而采用深部输精技术是把精液输进母猪子宫体内，只要保证每份精液总精子数不少于 10 亿个，即可达到与传统猪人工授精技术相当的效果，这样不仅缩短了精子与卵子结合的距离，同时又能有效防止精液倒流现象，减少了精子浪费，节约了精子资源（可节约 2/3 精液），大大提高受胎率和产仔数。

89. 妊娠母猪需要哪些营养？

母猪配种受胎后，即进入妊娠期，饲养妊娠母猪的中心任务是保证胎儿在母体内得到正常的生长发育。防止流产，能产出健壮、生命力强、大小均匀和初生体重大的仔猪，并保持母猪具有中上等体况，为妊娠母猪创造良好的营养贮备，为产后泌乳奠定基础。

要达到上述目的，必须根据母猪的不同妊娠阶段对营养不同需求的特点，进行不同的饲养。

妊娠早期：即配种后的 1 个月以内。在这个时期内胎儿发育很慢，需要的营养不多，但饲料的营养应全面，质量要好。一般在母猪的日粮中，精料的比例较大，而且切忌饲喂发霉变质和有毒的饲料。

妊娠中期：即妊娠的第 2~3 个月。这个时期内胎儿发育仍较慢，需要营养不多，但母猪食欲旺盛，可以采食大量饲料，故应以青粗饲料为主，少量加喂精料，一定要让母猪吃饱。

妊娠后期：即临产前 1 个月内。在这个时期内，胎儿发育很快，其体重的 2/3 是在这个时期生长的，日粮中的精料应逐渐增加，适当减少青绿多汁饲料或青贮料，以保证母猪能获得足够的营养，供给胎儿发育需要，以及让母猪在体内蓄积一定的养分，待产后泌乳之用。妊娠母猪的日粮构成见表 3-1。

表 3-1　妊娠母猪日粮结构（%）

项目		妊娠前期	妊娠后期
饲料组成（%）	黄玉米	35	35
	豆饼	5	10
	大麦	5	5
	麸皮	5	5
	粉渣	20	20
	青贮料渣	30	25

（续）

项目		妊娠前期	妊娠后期
营养需要	每天每头喂量（千克）	5.0	5.88
	折合风干料（千克）	2.0	2.5
	含消化能（千焦）	5.34	6.91
	含可消化粗蛋白质（克）	169	242

注：食盐、骨粉另加。

90. 饲喂妊娠母猪有哪几种方式？

在母猪的妊娠期内，根据母猪的生理及体况条件，应采取不同的饲养方式，其饲养方式主要有三种：

（1）**抓两头带中间的饲养方式** 这种方式适用于断奶后膘情差的经产母猪。即在母猪妊娠初期加强营养，使其恢复繁殖体况。一般从配种前10天开始到配种后20天的1个月时间里，要加喂精料，特别是含蛋白质丰富的饲料，待体况恢复后再按饲养标准饲养。妊娠80天后，由于胎儿增重较快，日粮中再添加精料，以加强营养，这样日粮就形成一个高—低—高的营养水平（后期的营养水平应高于妊娠初期）。

（2）**步步登高的饲养方式** 这种方式适用于初产母猪和哺乳期间配种的母猪。因为初产母猪配种后本身仍处在生长发育阶段，哺乳母猪担负着双重的生产任务。因此，整个妊娠期间的营养水平，应随着胎儿体重的增长而逐步提高，到分娩前1个月达到最高峰，但在产前5天左右，日粮应减少30％，以免造成难产。

（3）**前粗后精的饲养方式** 这种方式适用于配种前体况良好的经产母猪。因为妊娠初期胎儿还小，加之母猪膘情较好，就不需要另外增加营养，用一般青粗饲料饲喂即可。到妊娠后期，由于胎儿发育增快，营养需要量增加，就应增加精料的喂量。

91. 怎样管理妊娠母猪?

母猪妊娠期管理的中心任务是做好保胎工作,保证胎儿正常发育,防止流产。

一是日粮必须有一定的体积,使母猪既不感觉饥饿,也不觉得容积过大而压迫胎儿,同时对所给的日粮应带有适当的轻泻剂,以防便秘引起流产。

二是禁喂发霉、变质、冰冻、带有毒性和强烈刺激性的饲料。

三是适量运动。在妊娠第 1 个月和分娩前 10 天,应减少运动,其他时间,母猪每天放牧或在大运动场逍遥活动 1～2 小时,夏天在早晚凉爽时进行,冬季在中午暖和时进行。进出栏舍不得拥挤,避免急转弯或跳越壕沟。

四是猪舍和猪体要保持清洁卫生。分娩前 1 周应将栏舍彻底消毒,及时消灭体外寄生虫。

五是妊娠后期应单栏饲养,避免互相打架和践踏,做到不追赶、不鞭打、不惊吓,保持环境安静,做好冬春防寒保暖和夏季防暑降温工作。

六是预产前 1～2 天,应用肥皂水将其乳房和会阴部清洗干净,并用 0.1% 高锰酸钾溶液消毒,做好产前的准备工作。

92. 怎样推算妊娠母猪的预产期?

母猪的妊娠期为 110～120 天,平均为 114 天,预产期的推算方法有两种。

(1)"三三三"推算法 在配种的月份上加 3,在配种的日数上加上 3 个星期零 3 天,例如 3 月 9 日配种,其预产期是 3+3=6 月,9+21+3=33 日(一个月按 30 天计算,33 天为 1 个月零 3 天),故 7 月 3 日是预产期。

(2)"进四去六"推算法 在配种的月份上加上 4,在配种的日数上减去 6(不够减时可在月份上减 1,在日数上加 30 计算),例如

3月9日配种，其预产期为3＋4＝7月，9－6＝3月，故7月3日是预产期。

93. 怎样让母猪白天产仔？

据有关资料报道，用30头母猪进行配种试验，配种时间均为下午1点以后，配种后全部怀孕，妊娠期满后，全部在白天产仔，产仔最早时间为5点40分，最迟为晚上8点，其中上午产仔为78％，下午为22％。因此，要想让母猪白天产仔，必须掌握如配种时间，以在下午1～4点进行配种为宜。

94. 母猪临产前有何征兆？

随着胎儿的发育成熟，妊娠母猪在生理上会发生一系列的变化，如乳房膨大，产道松弛，阴户红肿，行动异常等，都是准备分娩的表现。

分娩前2周，母猪乳房从后向前逐渐膨大，乳房基部与腹部之间呈现出明显的界限；分娩前一周，母猪的乳头呈"八"字形向两侧分开；分娩前4～5天，母猪的乳房显著膨大，两侧乳房外张明显，呈潮红色发亮，用手挤压乳头有少量稀薄乳汁流出；分娩前3天，母猪起卧行动稳重谨慎，乳头可分泌乳汁，用手触摸乳头有热感；分娩前1天，挤出的乳汁较浓稠，呈黄色，母猪的阴门肿大、松弛，颜色呈紫红色，并有黏液从阴门流出；分娩前6～10小时，母猪表现卧立不安，外阴肿胀变红，衔草作窝；分娩前1～2小时，母猪表现精神极度不安，呼吸迫促，挥尾，流泪，时而来回走动，时而像狗一样坐着，频频排尿、阵痛，阴门中有黏液流出，从乳头中可以挤出较多的乳汁；如母猪躺卧，四肢伸直，阵缩间隔时间越来越短，全身用力努责，阴户流出羊水（破水），则很快就要产出第一头仔猪。

95. 怎样给母猪接产？

（1）做好产前准备　计算好预产期，在母猪产前1周，应彻底清扫并消毒产房，干燥后垫上切短的垫草，准备好接生工具，主要有麻袋片、毛巾、剪刀、消毒液、碘酒、药棉等。母猪分娩多在夜间，因此要注意安排专人值夜班，随时准备接产。

（2）**掌握母猪分娩时间和过程**　母猪临产时，主要表现腹部膨大下垂，乳房膨胀，乳头外张，用手挤乳头时有几乎透明、稍带黄色、有黏性的乳汁排出（多从前边乳头开始）。初乳一般在产前数小时或一昼夜开始分泌，也有个别产后才分泌的。若母猪阴部松弛红肿，尾根两侧稍凹陷（骨盆开张），行动不安，叼草作窝，这种现象出现后6～12小时即要产仔。若母猪呼吸加快，站卧不安，时起时卧，频频排尿，然后卧下，开始阵痛，阴部流出稀薄黏液（破水），这是即将产仔的征兆。此时应用高锰酸钾水溶液擦洗母猪阴部、后躯和乳房，准备接产。

母猪分娩时，一般多侧卧，经几次剧烈阵缩与努责后，胎衣破裂，血水、羊水流出，随后产出仔猪。一般每5～25分钟产出1头仔猪，整个分娩过程需要1～4个小时。

（3）**接产操作**　当仔猪产出后，用双手托起仔猪，立即清除仔猪口中及鼻孔周围的黏液，以免仔猪吸入引起窒息，然后先用干草，后用毛巾或麻袋片擦干仔猪身上的黏液，以免仔猪受冻，而后再断脐带。断脐带时，先将脐带内血液向腹部方向挤捏几次，然后在距离仔猪腹部4～5厘米处，用两手扯断脐带（一般不用剪刀，以免流血过多），断端涂以5％碘酊消毒，完毕将仔猪放入垫有干草的产箱内保温。

母猪产下第一头仔猪后，其他仔猪产出的速度就快了，一般每隔5～25分钟一头，2～4小时产完，再过半小时后，胎衣排出。也有个别母猪，仔猪与胎衣交替产出，只有胎衣全部排出，才标志产仔过程结束。在胎衣排出之后，应及时将其打扫出圈，避免让母猪吃掉，否则可能会造成吃仔猪的情况，然后用来苏儿水或高锰酸钾溶液擦洗母猪阴门周围及乳房，以免发生阴道炎、乳房炎与子宫炎，同时打扫产房，消除污染垫草，垫上干土，重新更换新鲜垫草。

96.　母猪分娩后如何护理？

分娩后母猪的健康状况，对仔猪育成率和断奶体重影响极大。因此，必须加强产后母猪的护理，一般在母猪产后8～10小时内原则上不喂料，但要保证喂给豆饼、麸皮汤或调得很稀的汤料。产后2～3天内不宜喂得过多，饲粮要营养丰富，容易消化，视母猪膘情、体力、泌乳及消化情况逐渐加料。在其产后5～7天内逐渐达到标准喂量或不限量采食。

如果天气温暖，母猪产后2～3天即应到舍外逍遥活动，这对恢复体力、促进消化和泌乳是有利的。有的母猪因妊娠期营养不良，产后无奶或奶量不足，可喂给些小米粥、豆浆、胎衣汤、小鱼虾汤、煮海带肉汤等催奶。对膘情好而奶量少的母猪，除喂催乳饲料外，应同时采用药物催奶（调节内分泌）。

为促进母猪的消化功能，改良乳质，预防仔猪下痢，母猪产后可每天喂给小苏打（碳酸氢钠）25克，分2～3次于饮水中投给。对粪便干燥有便秘趋向的母猪，宜投喂些鲜嫩青料，设法增加饮水量，必要时适当喂给人工盐等。

产房要经常保持温暖、干燥、空气新鲜，最好每2～3天喷雾消毒一次（可选用对猪体无害的消毒药物，如过氧乙酸、来苏儿、百毒杀等）；对有产后感染（如子宫炎）的应及时治疗，同时必须改善饲养管理条件。

97.　母猪奶有什么特点？

（1）母猪的乳房无乳池，不能随时排乳，只有当仔猪反复拱揉乳房，刺激母猪中枢神经，才能反射性地导致放奶。母猪放奶的时间短，平均只有十几秒到几十秒，但泌乳次数多，平均每昼夜为22次左右，白天多于夜间。

（2）母猪的泌乳量处于增加趋势，一般在产后10天左右上升较快，21天左右达到泌乳高峰，以后则逐渐下降。在哺乳期间，母猪分泌乳汁为300～400千克，平均日泌乳量为5.5～6.5千克。

（3）猪乳依据化学成分的不同，分为初乳和常乳，分娩后头3～7天内的乳称为初乳，以后的为常乳。初乳中干物质、蛋白质、维生素较常乳高，特别是白蛋白、球蛋白（易被仔猪吸收）较高，而乳脂、乳糖等较常乳低。初乳中含有许多母源抗体（免疫球蛋白）、酶和溶菌素等物质，对增强仔猪的抗病能力很有好处，另外，初乳中含有镁盐，具有轻泻作用，能够促使仔猪排出胎粪和促进胃肠蠕动，有助于消化活动。因此，仔猪出生后必需尽早吃到初乳，仔猪若没有吃到初乳，则往往易生病或生长不良，难以养活。

98. 怎样饲养管理哺乳母猪？

（1）**哺乳母猪的饲养**　由于母猪在哺乳期间要分泌大量乳汁，才能维持仔猪生长发育，所以，在饲养上，应注意多喂给母猪有利于泌乳的饲料，如加喂些鱼粉、豆饼（粕）以及优质青绿多汁饲料，并充分供应清洁饮水，增加每天的饲喂次数，每顿要少喂勤添。一般每天饲喂3～4次，每次间隔时间要均匀，注意每次不能让猪吃得太多，以免引起消化不良。饲喂泌乳母猪不但要定时、定量，而且要求饲料多样化，以满足营养的需要。仔猪断奶前3～5天可逐渐减少母猪的精饲料和多汁料的喂量。

（2）**哺乳母猪的管理**　哺乳母猪应每栏1头，由于产后母猪体力衰退，食欲欠佳，故宜留在栏圈内休息调养。3～5天后可放出活动，7天以后，在晴暖的天气，可让母猪带仔猪一道外出放牧运动、拱土、吃青草、晒日光浴，以促进血液循环与消化功能。每天必须清洗饲槽一次，并勤换垫草，保持圈舍清洁、干燥。训练母猪养成两侧交替躺卧的习惯，便于仔猪哺乳。

99. 母猪拒绝哺乳怎么办？

母猪产后拒绝仔猪吃奶，主要见于以下几种情况：

（1）初产母猪无哺育仔猪的经验，第一次给仔猪吃奶感到紧张和恐惧，或经不起小猪纠缠，从而拒绝哺乳。遇到这种情况，可保证母猪躺下时慢慢拱其肚皮，看住仔猪吃奶，不让争夺乳头，保持安静，只要仔猪能吃上几次奶就行了。如果实在不行，就只好把母猪捆起来，采取强制哺乳的办法，几次以后母猪就习惯了。另外，对初产母猪，最好在妊娠期间就经常给它按摩乳房、挠挠肚皮，产后就会习惯于哺育了。

（2）母猪产后无奶，仔猪总是缠着母猪来回拱啃乳头，使母猪感到烦躁不安，不愿让仔猪吃奶，有时甚至把乳头压在身子底下或驱赶仔猪。解决的办法是给母猪加喂催乳饮料，增强母猪泌乳机能。

（3）母猪患乳房炎时，乳房肿胀，仔猪一吃奶就引起疼痛。解决的办法是及时治疗乳房炎。

（4）母猪乳头有伤，由于仔猪犬齿尖锐，吮奶时将乳头咬破，引起疼痛，母猪拒绝仔猪吃奶。解决办法是用钳子剪掉仔猪尖锐的犬牙，并及时治疗母猪乳头咬伤，以防感染。

100. 为什么母猪生产前后喂些麸皮汤好？

麸皮内含有较高的粗蛋白质和矿物质，赖氨酸的含量也较丰富，并含有抗酸盐，有轻泻作用。若在母猪产前、产后喂些麸皮汤（一般比例为 $10\% \sim 25\%$），可防母猪便秘及乳汁过浓。

101. 影响母猪泌乳的因素有哪些？

（1）**饮水** 母猪乳中含水量为 $81\% \sim 83\%$，为此每天需要较多的饮水。若供水不足或不供水，都会影响猪的泌乳量，常使乳汁变浓，含脂量增多。

（2）**饲料** 多喂些青绿多汁饲料，如南瓜、胡萝卜、牛皮菜等，有利用于提高母猪的泌乳力。另外，饲喂次数，饲料调制，对母猪的泌乳量也有影响。

（3）**母猪的年龄与胎次** 一般情况下，第1胎的泌乳量较低，以后逐渐上升，4～5胎后逐渐下降。

（4）**个体大小** 一般体重大的母猪泌乳量比体重小的母猪泌乳量

要多，因为体重大的母猪失重较多，这是用于泌乳的需要。

（5）**分娩季节** 春秋两季，天气温和凉爽，青绿饲料多，母猪食欲旺盛，其泌乳量也多；冬季严寒，母猪消耗体热多，泌乳量就少。

（6）**母猪发情** 母猪在泌乳期间发情，常影响泌乳的质量和数量，同时易引起仔猪的白痢病。泌乳量较高的母猪，泌乳还会抑制发情。

（7）**品种** 母猪的品种不同，泌乳量各异。一般来说，本地猪及其杂种母猪的泌乳力显著高于引入的品种猪及其杂种母猪。

（8）**疾病** 泌乳期间母猪若患病，如感冒、乳房炎、肺炎等疾病，可使泌乳量下降。

（9）**管理** 猪舍内清洁干燥，环境安静，空气新鲜，阳光充足等，有利于母猪的泌乳；反之，会降低母猪的泌乳量。

102. 用哪些方法可以提高母猪泌乳量？

（1）**实行高水平饲养** 对泌乳母猪实行高水平饲养，不限量饲喂或自由采食。

（2）**喂青绿多汁饲料** 母猪在哺乳期间，可多喂些青绿多汁饲料及根茎类饲料，如胡萝卜、南瓜、甜菜（捣细碎喂）等。

（3）**喂富含维生素饲料** 在母猪泌乳期间，可喂些维生素含量多的饲料，如酵母粉等。

（4）**加喂催奶药** 如喂给成药"妈妈多"10～12片，每天1次，连续喂2～3天，或服用中成药"下乳通泉散"2包（30克1包），每天2次，煎成汤掺入食物内喂给，连续2～3天。

（5）**按摩乳房** 对初产母猪在产前15天进行按摩乳房，或产后用40℃左右温水浸湿抹布，每天早晨给母猪按摩乳房5～10分钟，可收到良好效果。

103. 如何选择种公猪？

（1）**应选择来自良种猪场，有档案记录** 选育生长速度快、饲料

利用率高、胴体品质好的优良公猪，最好是选择外来品种如杜洛克猪、长白猪、大中型约克夏猪的后代作为种公猪。

（2）**外表特征要基本符合该品种的要求** 所选种猪整体结构要匀称，身体各部分之间的结合要良好。要求四肢强健、结实，行走时步伐大而有力，胸部宽深丰满，背腰部长且平直、宽阔，腹部紧凑，不松弛下垂。后躯充实，肌肉丰满，臁情良好。睾丸发育正常，大而明显，两侧匀称一致，无单睾丸或隐睾及赫尔尼亚（阴囊疝），阴囊紧附于体壁，包皮无积尿。

（3）**有正常的性行为** 种公猪除了睾丸、乳房等发育正常外，还应具有正常的性行为，包括性成熟行为，求偶行为，交配行为，而且性欲要旺盛。

（4）**种公猪要健康无病** 所购种公猪必须来自一个健康的群体，购入种公猪后要先隔离饲养观察，检查其健康状况，待适应猪场环境，证明无病后再投入使用配种。

104. 怎样饲养管理种公猪？

（1）**饲养** 饲养种公猪的目的，就是用来配种，在正常情况下，种公猪配种一次其射精量能达 120～150 毫升（外来品种比本地种公猪高 1～2.5 倍），而精液里含有大量的蛋白质，这些蛋白质必须从饲料中获得。另外，公猪配种过程中，消耗体力也大。因此，对种公猪，要注意蛋白质饲料的供应，尤其在配种季节，动物性饲料和青绿饲料的供应必须充足，以使其生产更多的优质精液，保持旺盛的性欲，完成配种任务。一般可利用小鱼、小虾、鱼粉、骨肉粉、蚕蛹及虫类等作为动物性蛋白质的补充饲料。

在饲料配合上，除了保证蛋白质的含量以外，还应注意及时补给维生素、矿物质饲料，多喂些优质的青绿多汁饲料和块茎类饲料，如胡萝卜、南瓜、青草、青贮料、大麦等。

（2）**管理** 保持种公猪体质健壮，提高配种能力，一方面在于喂给营养价值完全的日粮；另一方面要科学管理。除了经常注意圈舍清洁、干燥、阳光充足，创造良好的生活环境外，还应加强运动，锻炼肢蹄。让公猪经常合理的运动，不仅可以加强其新陈代谢，促进食欲，帮助消化，增强体质，健全肢蹄，而且还能增强其精子的活力，提高配种性能，延长公猪的种用年限。一般情况下，每天对种公猪进行野外驱赶运动1～2次，每次以2～4千米/小时的速度行走1～2小时。夏季可选择早晚凉爽的时间进行，冬季选择中午进行。配种期间的运动量应适当减轻。平时应注意让猪养成良好的生活习惯，妥善地安排喂养、饮水、运动、刷拭、休息的生活日程，有条件的应对公猪定期进行称重和检查精液品质，以此来检查饲养管理和配种利用是否适当，从而适时调整营养、运动和配种，保证公猪体格不显得过瘦或过肥，具有高度的配种受胎率。

105. 种公猪什么时候开始配种为宜？

青年种公猪的初配年龄，往往随其品种、气候和饲养管理等条件的不同而有所变化。虽然有些猪种性成熟较早，但并不意味着就可以马上配种利用。如果初配时间过早，不仅会影响种公猪今后的生长发育，而且所生仔猪数目少，体小而弱，生长缓慢，缩短种公猪的利用年限。如果初配时间过迟，也会影响种公猪的正常性机能活动和降低繁殖力。

种公猪最适宜的初配年龄，应根据猪的不同品种、年龄和生长发育情况来确定，一般宜选在性成熟之后和体成熟之前配种。培育品种不早于8～9月龄，体重不低于100千克；北方地方猪种，8个月龄，体重80千克左右；南方早熟猪种，6～7个月龄，体重65千克左右开始配种为宜。

106. 怎样合理使用种公猪？

（1）掌握好后备公猪开始配种的年龄和体重，不能过早也不能过迟配种。

（2）严格控制配种强度。初配青年公猪一般以每周使用2～3次为宜，2～4岁的壮年公猪，在配种旺季，每天可交配1次，必要时可交配 2 次，但 2 次交配应间隔 8～12 小时，同时每周至少休息 1～2 天。在分散饲养及非季节性产仔情况下，1 头成年公猪可负担 25 头母猪的配种任务，但在季节性产仔时，只可负担 15 头左右母猪的配种。

（3）选择适宜的配种时间。夏天应安排在早晨与傍晚凉爽时进行，冬季安排在上午和下午天气暖和时进行，配种前后 1 小时不要喂食，配种后不要立即给公猪饮凉水和用冷水冲洗躯体。

（4）配种时最好有专门的场地，地面要求平坦而不滑，以利配种进行。公猪一次交配的时间很长，为 3～25 分钟，所以交配时切不可有任何干扰。每次配种完毕后，应让公猪自由活动十几分钟，然后再赶回圈内，并给些温水让其自饮。

107. 种公猪性欲低下怎么办？

种公猪性欲低下主要是由于使用过度，运动不足，饲料中长期缺乏维生素 E 或维生素 A，引起性腺退化、睾丸炎、肾炎、膀胱炎等许多疾病所致。

公猪表现见发情母猪不爬胯，性欲迟钝，厌配或拒配，即使爬胯母猪也阳痿不举，或交配时间短，射精不足。

对性欲低下的公猪要喂给专门的配合饲料，建立适宜的配种制度，合理使用，最好采用人工授精的方法。另外，对种公猪要适当加强运动，对由于疾病而继发的种公猪性欲低下，应针对原发病进行治疗；对性欲不强、射精不足的种公猪，其精液严禁使用。

除了针对病因采取相应的防治措施外，还可根据病情，肌内或皮下注射甲基睾丸酮 30～50 毫克；中草药淫羊藿 90 克、补骨脂 9 克、熟附子 9 克、钟乳石 30 克、五味子 15 克、菟丝子 30 克，水煎后一次喂服，连用 2～3 次。

108. 种公猪的种用年限以多少为宜？

一头种公猪在其整个种用年限内，大致分为三个阶段：1～2 岁为青年阶段，这时期猪体正处在继续生长发育阶段。因此，不宜频繁配种，每周以配种 1～2 次为宜；2～5 岁为青壮年阶段，这时期猪体已基本发育健全，生殖机能较为旺盛，在营养较好的情况下，每天可交配 1～2 次；5 岁以后的公猪为老年阶段，这时期猪体由于体质渐衰，可每隔 1～2 天用 1 次。种公猪的利用年限一般可达 4～6 年，如果养得好，而配种合理，使用年限可延长到 8 年甚至更长。

109. 什么是优势杂种猪？

不同种群（品种或品系）间的交配与繁殖称杂交，杂交所产生的后代叫杂种。如用约克夏公猪与淮猪母猪交配，所产生的后代叫约淮杂种猪。杂种猪的适应性、生活力、生长势与生产性能等方面，都优于其亲本纯繁群体，称为杂交优势（或杂种优势），该种猪称为优势杂种猪。

110. 如何计算杂种优势？

所谓杂种优势就是不同品种、品系间杂交，其杂交后代的生活力和若干生产性能平均值超过双亲平均值的部分。杂种优势一般用杂种优势率来表示。其计算公式为：

$$\text{杂种优势} = \frac{\text{杂交一代平均值} - \text{双亲平均值}}{\text{双亲平均值}} \times 100\%$$

例如：日增重这一性状，父本为 600 克，母本为 400 克，杂交一代为 560 克，其杂种优势率为：

$$\text{杂种猪日增优势率} = \frac{560 - \dfrac{600+400}{2}}{\dfrac{600+400}{2}} \times 100\% = 12\%$$

111. 什么叫二元杂交？有何特点？

二元杂交又叫两品种杂交或单杂交，是养猪生产中以经济利用为目的，最简单、最普遍采用的一种杂交方式。它是选用两个不同品种猪分别作为杂交的父母本，只进行一次杂交，专门利用第一代杂种的杂种优势来生产商品肉猪。其特点是杂种一代，无论公母猪全部不作种用，不再继续配种繁殖，而全部作为经济利用。这种杂交方式简单易行，只需进行一次配合力测定即可，对提高肉猪的产肉力有显著效果。

112. 什么叫三元杂交？有何特点？

三元杂交又叫三品种杂交，即选用两个品种猪杂交，产生在繁殖性能方面具有显著杂种优势的子一代杂种母猪，再用第二个父本品种猪与其杂交，所产生的后代全部作为商品猪育肥。

在杂交过程中，一般第一、第二父本利用高瘦肉率的品种，而第二父本还应选择生长发育快、育肥性能好的公猪。例如，在养猪生产中采用的杜×长×本、汉×长×本等杂交形式都属于三品种杂交。

其特点是三品种杂交的杂种优势一般都超过两品种杂交，杂种母猪的生活力和繁殖力也具有杂种优势，并且产仔多，哺育能力强，仔猪生长发育快，日增重高。

113. 饲养杂交猪有什么好处？

因为猪杂交后能产生杂交优势，杂交后代与亲本猪相比较，杂交猪生长速度比较快，瘦肉率高，容易饲养管理，杂种母猪繁殖效率高，产仔多，且仔猪初生重和断奶重大；杂交猪饲料利用率高，本地猪每增重 1 千克，需配合饲料 4 千克，而杂交猪需 3 千克左右。实践证明，利用杂交猪是提高经济效益，大力发展养猪业的重要途径。因此，在养猪生产中被广泛应用。

114. 杂种猪为什么不能做种猪？

杂种猪是由两个具有一定遗传差异的品种杂交产生的，这种差异可使杂交种内部构成一系列复杂的矛盾，产生了杂种优势，个体大、体质好、抗病力强、生长发育快、省料等。但是杂种一代、二代、三代猪，其遗传性不稳定，若用作亲本，所产生的后代，多数不向杂种优势方向发展，又因血缘相近，出现近亲繁殖，导致生活力下降，失去了经济杂交的意义。

115. 生产中为什么要避免近亲繁殖？

近亲繁殖是指血缘关系相近的公母猪之间的交配，如父女之间、母子之间、兄妹之间、姐弟之间、祖父孙女之间、祖母孙子之间、祖父侄女之间、同父异母、同母异父之间的交配等，其害处较大，在生产上一般不使用。主要表现在以下几方面：

（1）**降低繁殖力** 近亲交配繁殖使母猪产仔数减少，仔猪成活率降低。

（2）**抑制后代发育** 近亲交配繁殖的后代体型变小，体质变弱，生长缓慢，对外界不良环境的抵抗力降低。

（3）**降低饲料利用能力** 降低后代利用饲料的能力。

（4）**后代易出现畸形怪胎或死胎** 如有的仔猪无肛门、耳朵、眼睛，四肢发育不全，头大、水肿等。

116. 什么叫经济杂交？经济杂交的模式有哪几种？

猪的杂交目的不同，有的是为了培育新品种或新品系称为育成杂交；有的是为改进某一猪种或品系的少数性状，导入一定数量其他品种的血液称为导入杂交。而在生产中，为最大限度地利用猪种的遗传潜力，提高经济效益的杂交称为经济杂交。经济杂交生产的商品猪，大都具有生命力强、长势快和饲料报酬高等显著特点。根据亲本品种的多少和利用方法的不同，杂交模式有以下几种：

（1）**二元杂交** 它是一个品种（或品质）的公猪与另一个品种（或品系）的母猪进行的杂交，利用一代杂种的杂种优势生产商品猪，这是最简单的杂交方法。一般是以地方猪种或当地培育的品种为母

本，引入的瘦肉型公猪作为父本进行杂交。

（2）两品种轮回杂交 从二元杂交所得的一代杂种母猪中选留优良个体，逐代分别与两个亲本品种的公猪进行杂交。这种杂交可不断保持后代的杂种优势，但杂种公猪一律不留种。

（3）三元杂交 从二元杂交所得的一代杂种母猪中选留优良个体，再与另一品种的公猪进行杂交。三元杂交可比二元杂交获得更高的杂种优势率，并可利用杂种母猪繁殖性能的杂种优势。但是，因为需增加两个群体，所以提高了成本。

（4）近交系杂交 近交系通过高度近交繁殖建立起来的，并在以后世代中保持一定程度近交系数的猪群。近交系间杂交所表现的杂种优势与品种之间杂交一样，在繁殖性能方面表现明显，在胴体品质方面不太明显。

（5）专门化品系杂交 通过建立专门化父本、母本品系，并进行杂交，这种杂交的后代增重一致性好，肉的品质好，能取得高而稳定的杂种优势。

117. 影响经济杂交效果的因素有哪些？

（1）品种 不同品种（品系）间杂交的效果是不一样的，杂交品种的性状有无杂种优势，取决于亲本品种的选择。全国各地开展的猪品种杂交利用，一般是以地方品种猪和培育品种猪作杂交母本，以引入品种猪作父本，即国内猪种与国外猪种杂交，其杂交效果较好。

（2）经济类型 不同经济类型（即脂肪型、瘦肉型和脂肉、肉脂兼用型）猪之间的杂交效果不同，如用苏联大白猪品种的脂肪型品系和瘦肉型品系杂交，以瘦肉型公猪配脂肪型母猪的杂交效果最好，其杂种猪体重达100千克，所需饲养天数较其他组合提前7～8天，日增重提高31～53克。

（3）杂交方式 不同杂交方式致使杂交效果不同，两品种间杂交时，其正反交的效果不同。三品种间杂交时，其杂交效果优于两品种杂交，三品种杂交不但所用的母猪是一代杂种猪（一代杂种母猪生命力强，产仔多，哺育率高），而且又利用了第二杂交父本增重快、饲料利用率高的特点。因此，三品种杂交可获得良好的杂交优势。据报道，三品种杂交在其产仔数、仔猪初生重、断乳重、哺育率、日增重和每千克增重饲料消耗等均比两品种杂交效果好。

（4）**饲养条件** 饲养条件不同其杂交的效果也不同，这主要是由于杂种优势的显现不但受遗传因素制约，而且受环境因素的制约。在不同营养水平下，杂交的效果不一样。据实验证明，中等营养水平下饲养的杂种猪，日增重优于低等营养水平下饲养的杂种猪。

（5）**个体条件** 不同个体的杂交效果不同，同一品种中不同个体之间存在着差异，其差异对杂交效果是有一定影响的。

118. 开展经济杂交应注意哪些问题？

（1）**杂交亲本的选择** 开展商品猪的杂交利用对亲本的选择十分重要，因为亲本的品质直接影响杂种优势的显现。母本品种应选择本地区数量最多，适应性强，繁殖力高，母性好，泌乳力强，体格大小适中的本地品种。父本品种应选择生长速度快，饲料利用率高，胴体品质好和瘦肉含量高的引入品种和我国自己培育的瘦肉型品种，如杜洛克猪、江普夏猪、大约克夏猪、长白猪等。

（2）**杂交方式的选择** 杂交方式应根据当地的猪种、经济类型和饲料条件等实际情况进行选择。一般来说，农村养猪以采用两品种简单杂交为宜，其方法简单，易于推广。此法以当地母猪作母本，引入父本品种就可以进行杂交，在具有一定规模的商品猪场，可采用复杂的生产杂交。如三品种或四品种杂交，以充分利用杂交母猪的杂交优势。

（3）**配合力测定及杂交组合的确定** 配合力就是两个品种（品系）通过杂交能获得的杂种优势程度，通过杂交试验进行配合测定是选择最优杂交组合的必要方法。

配合力分为一般配合力和特殊配合力两种。一般配合力是指某一品种（品系）当许多其他品种（品系）杂交所获得的平均效果，如长白猪与我国许多地方猪品种杂交效果都不错，这就表明它的一般配合力好。特殊配合力是指两个特定品种（品系）间杂交，其杂交品种主

要性状平均值能超过其一般配合力的平均值，配合力测定主要是测定特殊配合力。

杂交组合是根据经济杂交的目的和特殊配合力的测定结果来确定的。如根据生长速度快，饲料利用率高，瘦肉产量高，繁殖力强等性状和高的杂种优势率来确定杂交组合。

（4）**加强杂种猪的饲养管理**　确定理想的杂交组合后，还应创造良好的饲养管理条件，尤其是营养条件。如果饲养管理条件差，饲料营养不能满足杂种猪生长发育的要求，即使是理想的杂交组合也不能表现出高的杂种优势率。因此，应给杂种猪创造相应的饲养管理条件，使其充分发挥自己的遗传潜力。

四、仔猪生产

119. 哺乳仔猪有哪些生理特点?

(1) 生长发育快,物质代谢旺盛。在饲养上必须供给仔猪全价的平衡日粮,尤其要保证钙、磷和蛋白质的需要。

(2) 消化器官不发达,胃肠消化吸收机能不完善。这是构成仔猪对饲料的质量、形态、饲养方式与次数等的特殊要求的原因。

(3) 缺乏先天性免疫力,容易发生仔猪白痢等疾病。

(4) 调节体温的机能尚不健全,对寒冷的抵抗力差,容易冻僵,甚至冻死。

120. 什么是假死仔猪? 如何抢救假死仔猪?

有些仔猪出生后,全身发软,呼吸微弱甚至停止,但心跳仍在跳动,这是仔猪的一种假死现象。需要及时采取有效措施,立即进行救护。抢救假死仔猪的方法有下列几种:

(1) **人工呼吸法** 将假死仔猪仰卧在垫草上,把鼻孔和口腔内黏液清除干净,再将仔猪两前肢作前后伸展,一紧一松压迫仔猪胸部,每分钟 10～20 次,持续 4～5 分钟,直至仔猪发出声音为止。

(2) **温水浸泡法** 用手抓住仔猪双耳或两前肢,把仔猪突然放入 40～45℃的温水里,使其头部露出水面,浸泡 3～5 分钟,以此激活仔猪。

(3) **倒提拍打法** 用一只手提起猪的两后肢,令仔猪头朝下尾向上,另一只手轻轻有节奏地拍打仔猪的背部和臀部,使仔猪口鼻内的羊水和黏液流出来,令其呼吸,待猪发出叫声,即已救活。

(4) **涂抹刺激物法** 可在仔猪鼻盘部涂抹酒精、氨水等有刺激性

的物质，或用针刺激方法进行抢救。

（5）**注射药物法**　在紧急情况时，可以注射尼可刹米，或用 0.1％肾上腺素 1 毫升直接注入假死仔猪心脏急救。

121. 初生仔猪如何保温?

母猪冬季或早春气温低的时候产仔，仔猪在保育补饲期间，必须做好保温工作，给仔猪创造一个适宜的生活环境。仔猪的适宜温度为：生后 1～3 日龄 30～32℃，4～7 日龄 28～30℃，15～30 日龄 22～25℃，2～3 个月龄 22℃；母猪的适宜温度为 15℃，产房温度不能低于 10℃。保温的措施是单独为仔猪创造温暖的小气候环境，最好的办法是在产栏内设置仔猪保温箱，内吊 1 只 250 瓦的红外线灯泡，仔猪箱留有仔猪自由出入孔，或在仔猪箱内铺一块保温板（电热板）。在无电源或为降低耗电支出时，亦可采用木板上铺草袋子或麻袋片，再扣上一个玻璃钢罩（罩侧面留有仔猪自由出入孔帘，罩上面有可开启与闭的盖子），利用仔猪体温造成一个温暖的小环境。如果没有条件，还可在仔猪保温箱内吊一个干草把，让仔猪钻在其中保暖。

122. 为什么要让初生仔猪吃足初乳?

由于母猪的胎盘构造特殊，妊娠期间大分子免疫球蛋白不能通过血液循环进入胎儿体内，因而初生仔猪不具备先天免疫能力，只有通过吃食初乳才能获得免疫能力。因为初乳中含有大量免疫球蛋白，具有抑菌、杀菌，增强机体抵抗力等功能。每 100 毫升初乳含免疫球蛋白 7～8 克，3 天内降到 0.5 克。由于初生仔猪生后 24 小时内其肠道上皮处于原始状态，免疫球蛋白很容易渗透进入血液，30～72 小时后渗透性显著降低。因此，仔猪出生后应尽早吃到、吃足初乳，以获得免疫力。此外，初乳酸度较高，含有较多的镁盐（有轻泻作用），其他营养成分也比常乳高。仔猪产出后随即放到母猪身边吃初乳，还能刺激消化器官的活动，促进胎便排出，增加营养产热，提高对寒冷的抵抗能力。初生仔猪若吃不到初乳，则很难育活。

123. 为什么要给仔猪固定乳头？

母猪分娩后，每天要给仔猪哺乳 10～12 次，每次历经 3～5 分钟，但真正放奶时间只有 10～20 秒钟。仔猪具有初生后抢占放乳多的乳头，并固定为己有的习性。在如此短暂的放奶时间内，如果仔猪吃奶的乳头不固定，则势必因相互争抢乳头而错过放奶时间，体大者称霸，发生强夺弱食，同时也干扰母猪正常放奶，有时还会因仔猪争抢咬痛乳头，母猪拒绝哺乳。因此，仔猪出生时，暂时不让吃奶，待全部出生后统一吃。可把体小的个体固定到前边乳头吃奶，把体大的个体固定到后边乳头吃奶，一般出生后一次即可固定，以后便会各就各位，不再争强。

124. 提高仔猪成活率的主要措施有哪些？

（1）**固定乳头，早吃初乳** 接生时要将弱小仔猪或准备留作种用的仔猪，固定在泌乳量比较多的前面 3～4 对乳头上，并让仔猪早吃足初乳（最晚不超过 6 小时）。

（2）**防止压死，确保成活** 初生几天内的仔猪，四肢无力，行动迟缓、呆笨，尤其是寒冷季节，常喜欢依偎在母猪腹部或者相互堆睡在一起取暖，睡眠很深，常常会被母性较差的母猪压死。因此，产后几天内要有专人日夜护理，对个别母性特差的，在产后 3～4 天内应把全窝仔猪放在育仔箱（或育仔篮）内，每隔 0.5～1 小时，放出喂乳一次，之后赶入箱（篮）内。

（3）**防寒保暖，预防感冒** 初生仔猪调节体温机能不完善，当舍内温度过低，特别是初春季节，往往因风寒容易患感冒、肺炎等疾病。因此，要注意选择适宜的产仔季节。在日常管理中，要注意勤换垫草，可在母猪圈或栏内的地坪一方垫一块木板，上铺短草，以供母仔睡觉；仔猪的适宜温度，生后 1～3 日龄以 30～32℃，4～7 日龄

28～30℃，15～30 日龄 22～25℃，2～3 月龄 22℃为宜。

（4）**预防贫血，补喂矿物质** 仔猪对矿物质容易缺乏，尤其对铁、铜更甚。通常于仔猪生后 3 天，就应补喂铁、铜制剂。可用硫酸亚铁 2.5 克、硫酸铜 1 克，溶于 1 000 毫升水中，用滴管于仔猪哺乳时，滴在母猪乳头上使其吸入；或者于生后第三天，每头仔猪注射铁钴针 2～3 毫升，或颈部肌内注射右旋糖酐铁、血多素、牲血素或右旋糖酐铁钴合剂等 100～150 毫克，或者于猪舍内放一浅盘，内放一些食盐、骨粉、炭末、红土，让仔猪自由舔食。

（5）**勤添水，勤换水** 仔猪生长发育快，加之所吸母乳能量高，需要大量的水分。因此，从 3～5 日龄起，就应开始补充饮水，同时要保证饮水充足、清洁，防止仔猪因缺水而饮脏水、污尿，以致患病。如无饮水器，应在生后 3 天开始，用浅盘盛水供仔猪饮用，全哺乳期间，必须勤添勤换。

（6）**清洁卫生，预防疾病** 仔猪生活的场所必须保持干燥、光亮、温暖、清洁；饲槽要经常清洗，圈内外要经常消毒；做到无病早防，有病早治。另外，在饲料中加入少量抗生素（青霉素、金霉素、土霉素）饲喂仔猪，既能促进其生长发育，又能增强其对疾病的抵抗力。

125. **培育哺乳仔猪要把握好哪几点？**

第一，生后 7 天内，要着重抓好仔猪的成活，让仔猪吃足初乳，并注意防暑、防寒。

第二，7～30 日龄，仔猪的生活机能开始增强，活泼好动，此期间关键要抓好奶膘，训练仔猪早吃料，防止白痢。养好哺乳母猪，使其多产乳，提高乳膘。

第三，30～60 日龄，此阶段仔猪已习惯吃料，日增重可达 250～500 克以上，这时的中心任务是要千方百计地促使仔猪旺食多餐，抓好全窝仔猪的均衡发育，以达到断奶体重大、窝重高的要求。

126. 如何进行仔猪并窝和寄养？

并窝是指将母猪产仔数较少的2～3窝仔猪合并起来，并给其中1头泌乳量较大的母猪哺养。并窝或寄养应注意以下几点：

一是选择的代哺母猪分娩的日期要基本相同，最多不能超过3天。

二是被并窝或寄养的仔猪必须已吃到初乳。

三是选择的代哺母猪必须性情温驯，母性好，泌乳量高。

四是后产的仔猪往先产的窝里寄养时要拿个体大的，先产的仔猪往后产的窝里寄养时要拿个体小的。

五是为防止母猪拒绝外来仔猪吃奶，可将并窝或寄养的仔猪避开母猪，并在其身上全部喷洒2％来苏儿溶液，1小时后，趁母猪不注意时，将仔猪放入母猪身边让其吸乳，或者用白酒喷在仔猪身上和代哺母猪的鼻盘上，让母猪难以分辨是自产仔猪还是他窝寄养仔猪，只要被并窝或寄养的仔猪吸过1～2次代哺母猪的乳汁，并窝或寄养就成功了。

127. 怎样给仔猪配制和饲喂人工乳？

有些母猪产仔后，泌乳不足或无乳，需配制人工乳饲喂仔猪才能使其正常生长发育，提高仔猪成活率和育成率。人工乳多是用脱脂乳、酪乳、乳清和植物性饲料，再加上动物脂肪、碳水化合物、维生素、无机盐、抗生素和其他仔猪正常生长发育所必需的成分制造的。

（1）仔猪人工乳的配制方法

①1～10月龄仔猪人工乳的配制

配方：牛乳1 000毫升，全脂乳粉50～200克，葡萄糖精20克，鸡蛋1枚，矿物质溶液5毫升，维生素溶液5毫升。

配制方法：上述配方中的原料除鸡蛋、矿物质、维生素溶液外，其余的需用蒸汽高温消毒，冷却后加入，拌匀即成。

②10～30日龄人工乳的配制

※配方一：牛乳1 000毫升，白糖60克，硫酸亚铁2.5克，硫

酸铜 0.2 克，硫酸镁 0.2 克，碘化钾 0.02 克。

配制方法：将上述各种成分放入牛乳中煮沸，冷却后即可饲喂。

※配方二：新鲜牛乳 1 000 毫升，葡萄糖 5 克，1％硫酸亚铁溶液 10 毫升。

配制方法：将葡萄糖、硫酸亚铁溶液加入牛乳中煮沸，冷却至50℃以下，加入鱼肝油 1 毫升和充分打碎的新鲜鸡蛋半枚，以及适量的痢特灵（千分之一），喂时保持 37 ℃的温度。

※配方三：面粉 40％，炒黄豆粉 17％，淡鱼粉 12％，大米粉 15％，玉米粉 5％，酵母粉 4％，白糖 4％，钙粉 1.5％，食盐 0.5％，生长素 1％，鱼肝油 1 毫升。

配制方法：将配方中各种粉料混合拌匀后，加入 2～3 倍的水搅拌呈不稀不稠为宜，煮沸冷却后，加入鱼肝油即可使用。

③31 日龄至断奶时仔猪人工乳的配制

配方：玉米粉 30％，面粉 20％，大米粉 10％，豆饼粉 15％，淡鱼粉 12％，麦麸 7％，钙粉 2％，食盐 0.5％，酵母粉 2.5％，生长素 1％，鱼肝油 1 毫升。

配制方法：将配方中各种粉料混合拌匀后加入 2～3 倍的水搅拌呈不稀不稠为宜，煮沸冷却后，加入鱼肝油即可使用。

（2）饲喂方法　仔猪生下 7～10 天即可开始调教采食人工乳，开始可放在浅容器内让仔猪自由舔食，由于人工乳味道鲜美，仔猪经数天的调教便很快学会采食。

人工乳的饲喂时间和用量：10 日龄以内的仔猪，白天每隔 1～2 小时喂一次，夜间每隔 2～3 小时喂一次，每次每头 40 毫升；11～20 日龄仔猪，白天每隔 2～3 小时喂一次，夜间每隔 4 小时喂一次，每次每头喂 200 毫升；21 日龄以后的仔猪，不分昼夜，每隔 4 小时喂一次，每次每头 400 毫升，直至断乳。

128. 为什么要给哺乳仔猪进行早期补料？有什么好处？

仔猪出生后不久便迅速生长发育，体重直线上升，营养需要大量增加，而母猪产后3周达泌乳高峰后，泌乳量就逐渐下降，这样营养供需发生了矛盾，仔猪的生长发育光靠母猪乳已不能满足需要。因此，只有给仔猪进行早期补料才能补上母猪供应不足的那部分营养，同时还能使仔猪的消化器官与机能得到锻炼，促进胃肠的发育与消化机能的健全。

给哺乳仔猪进行科学早期补饲有以下几方面的好处：

一是可以提高仔猪断奶窝重和经济效益。

二是可以增强仔猪的抗病力，提高成活率。

三是可以提早给仔猪断奶，促进母猪早发情、早配种，提高母猪的繁殖率。

129. 给仔猪进行早期补料应掌握哪三个关键问题？

（1）**饲料配方的全价性** 全价的仔猪料应该是高能量，能蛋比适当，各种必需氨基酸、维生素、微量元素齐全，一般每千克饲料含消化能在 13.40～14.23 兆焦，粗蛋白质 18％～20％，赖氨酸 1.15％～1.40％，蛋氨酸 + 胱氨酸 0.60％～0.75％。

（2）**饲料的诱食性** 仔猪喜食甜味和香味，为了引诱其早食，可在饲料中加入白糖或糖精。也可添加香精，对仔猪更富有引诱性。常用的饲料香精有柑橘、甘草、兰香素等几种。此外，为了提高饲料的适口性，配制仔猪饲料的原料必须尽量粉细，其细度应通过小于1毫米的筛孔。

（3）**诱食的时间** 一般从 7 日龄开始诱食，可将饲料调成糊状（早春要用温水调料，以提高料温），用手指或竹木片蘸取少量饲料向仔猪口中抹喂。开始时喂量要少，逐渐加量，目的在于引诱仔猪能早日自行采食。调教诱食是早期补料成败的关键，只要耐心调教，仔猪很快就能主动采食饲料，一般 10 日龄左右就能认食，15～20 日龄就能开食。开食后日喂 5～6 次，料水比以 1∶1.2～1.5 为宜，并要及时另供给清洁饮水。

130. 怎样制订仔猪补饲配方？

（1）开食料配方

①玉米 14％，糙米 20％，稻谷 15％，4 号粉 16％，机糠 13％，菜籽（粕）饼 6％，棉籽饼 3％，豆饼 4％，进口鱼粉 8％，贝壳粉 0.6％，食盐 0.4％。

②玉米 60％，豆饼 20％，高粱 3％，鱼粉 7％，奶粉 4％，葡萄糖 1％，麦麸 4％，骨粉 1％。

（2）旺食期饲料配方　玉米 16％，稻谷 20％，糙米 18％，4 号粉 5％，糠饼 20％，菜籽饼 6％，棉籽饼 3％，豆饼 6％，进口鱼粉 5％，贝壳粉 0.6％，食盐 0.4％。

以上配方均需另加微量元素和多种维生素添加剂（按产品说明添加），亦可添加促生长剂，如土霉素钙粉、喹乙醇（每千克饲料加入 5～10 克）等，也可到市场上直接购买开口料诱食。

131. 为什么要给哺乳仔猪补铁？补铁的方法有哪几种？

铁是造血的原料。初生仔猪出生时体内铁的贮备量只有 30～50 毫克，仔猪每天生长需铁 7～10 毫克。而母猪奶中含铁量很低，每头仔猪每天从母乳中得到的铁不足 1 毫克。所以，如果不给仔猪补铁，其体内铁的贮量将在 1 周内耗完，仔猪就会患贫血症。因此，必须给哺乳仔猪补铁。仔猪最适宜的补铁时间一般在仔猪出生后 2～4 天为宜。补铁的方法有以下几种：

（1）注射血多素　给仔猪颈部或后腿内侧肌内注射血多素 1 毫升（每毫升含铁 200 毫克），一次即可。也可注射牲血素。

（2）注射右旋糖酐铁钴合剂　给仔猪颈部或后腿内侧肌内注射 2～4 毫升（每毫升含铁 30 毫克），3 日龄和 33 日龄时各注射一次。

（3）口服铁铜合剂　取硫酸亚铁 2.5 克，硫酸铜 1 克，清水 100 毫升，混合溶解，过滤后装入奶瓶中，当仔猪吸乳时滴于母猪乳头上令其吸食，也可用奶瓶直接滴喂，每天 1～2 次，每头每天 10 毫升。

（4）喂红黏土　在猪栏内的一角放些或撒一层清洁的红黏土（内含丰富的铁），让仔猪自由拱玩、啃食，亦可有效地防止贫血。

132. 为什么要推广仔猪早期断奶技术？

仔猪早期断奶是指仔猪生后 3～5 周龄离开哺乳母猪，开始独立生活。仔猪生后 2 周龄以内离开母猪的称为超早期断奶。

多少年来我国哺乳仔猪大都实行 60 日龄断奶，母猪生产周期为：妊娠 114 天 + 哺乳 60 天＋配种 7 天 ＝181 天，平均年产仔 1.6 窝，育活仔猪 14 头左右，盈利少，影响了养猪业的发展。在养猪业发达的国家，仔猪早期断奶早已普遍推广应用，在养猪生产中多数国家推广 4～5 周龄断奶。

从决定母猪生产周期长短的主要因素来看，母猪妊娠天数和断奶至配种天数是人为无法改变的，唯有哺乳期的长短，也就是仔猪断奶日龄，是人为可以控制的。通过缩短母猪哺乳期，使仔猪早期断奶来提高母猪年产仔窝数是最简单、最有效的办法。

实行早期断奶，仔猪哺乳期由 8 周缩短到 3～5 周，母猪年产仔可达到 2.2～2.5 窝，每窝成活仔猪 9～10 头，大大提高了利用效率和繁殖力；实行早期断奶，在人为控制环境中养育，可促进断奶仔猪的生长发育，防止落后猪的出现，使仔猪体重大小均匀一致，减少患病和死亡。

133. 仔猪什么时间断奶最好？

仔猪的适宜断奶时间，应根据各养猪场（户）的具体情况而定。以前，一般的种猪场是 56～60 日龄断奶，商品猪场 45～50 日龄断奶。随着养猪设备、营养和饲料科学的发展，目前，许多有条件的猪场（户）已普遍采用 28～35 日龄早期断奶的方法，也有在 21 日龄甚至更早断奶的。早期断奶缩短了哺乳期，而且断奶时母猪体况尚好，断奶后可迅速发情配种，因而可以提高母猪的年生产能力。

一般来说，生产中最好不要早于 21～28 日龄断奶，否则会给仔猪的人工培育带来许多困难，影响仔猪的成活率。因此，各猪场（户）仔猪断奶时间，应根据其饲喂品种、生产设备、饲料条件、管理水平来决定。条件好的，可适当提前，条件差的，则应适当推迟。一般优良品种猪 21 天断奶、土杂猪 28 天断奶为宜。

在母猪实行成批同时断奶时，可将每窝中个别极瘦弱的仔猪挑出并集中起来，挑选一头泌乳性能较好的断奶母猪，再让其哺乳一周，这样可以减少这部分仔猪断奶后的死亡。

134. 怎样给仔猪断奶？

适时正确地进行断奶，对母猪和仔猪的生长发育都非常重要。目前从时间上看，仔猪的断奶方法有两种：一是早期断奶法，二是常规断奶法。早期断奶的时间在 45 日龄以前；常规断奶的时间一般在 60 日龄左右。为提高母猪的利用率，增加其年产仔数，可采取早期断奶法，但必须给仔猪创造良好的环境条件，给予适宜而稳定的温度，饲喂营养全面、易消化的饲料等。无条件的可采用常规断奶法。

从断奶过程上看，仔猪断奶常用方法有三种：

（1）**一次性断奶法** 即于断奶前 3 天减少哺乳母猪饲粮的日喂量，达到预定断奶时间时，果断迅速地将母仔分开实行同时断奶。此种方法简单、操作方便，主要适用于泌乳量已显著减少，无患乳房炎危险的母猪。

（2）**分批断奶法** 即根据仔猪的发育情况、食量及用途，分别先后陆续断奶。此种方法费工费力，母猪哺乳期较长，但能较好地适用于生长发育不平衡或寄养的仔猪和奶旺的母猪。一般于预定断奶前一周，先将准备育肥的仔猪隔离出去，让预备作种用和发育落后的仔猪继续哺乳，到预定断奶日期再把母猪转出。

（3）**逐渐断奶法** 即是在仔猪预定断奶日期前 4～6 天，把母仔分开饲养。常将母猪赶出原猪圈，定时放回哺乳，哺乳次数逐日减少直至断净。此种方法比较完全可靠，可减少对母仔的刺激，适用于不同情况的母猪。

135. 仔猪早期断奶需要注意哪些问题?

（1）要抓好仔猪早期开食训练，使其尽早适应独立采食为生。

（2）早期断奶仔猪日粮要高能量、优质蛋白，并有较高的全价性。断奶后第1周要适当控制采食量，以免仔猪暴食引起消化不良而发生下痢。

（3）断奶仔猪最好留原圈饲养，让母猪离开（以母猪听不见仔猪叫声为宜）。并注意保持猪舍内清洁干燥，避免寒冷、风雨等不利因素对仔猪的影响。

136. 早期断奶仔猪需要哪些营养?

仔猪断奶后，肌肉、骨骼生长十分旺盛，因此需要丰富的营养物质。

（1）**能量** 根据国家饲养标准规定，10～20千克重的断奶仔猪每天每头需消化能12.58兆焦。由于仔猪食量较少，要求每千克日粮中所含的消化能水平要高，10～20千克重的仔猪每千克饲粮中的消化能不低于13.84兆焦。

（2）**蛋白质** 断奶仔猪肌肉生长十分强烈，蛋白质代谢也很旺盛，为此必须供给充足、优质的蛋白质饲料。10～20千克重的断奶仔猪饲粮中应含粗蛋白质19%，赖氨酸0.78%，蛋氨酸＋胱氨酸0.51%。20～60千克重的生长肉猪，饲粮中含粗蛋白质16%。

（3）**矿物质** 仔猪在断奶后骨骼发育极快，必须供给充足的矿物质，主要是钙、磷。饲料中一般钙、磷含量不足，因此，在日粮中必须另外添加。10～20千克重的仔猪饲粮中应含钙0.64%，磷0.54%，钙与磷的比例应为1～1.5∶1。铁与锌每千克饲粮中各含78毫克，碘与硒各含0.14毫克。

（4）**维生素** 骨骼与肌肉的生长都需要维生素参与代谢过程，特别是维生素A、维生素D、维生素E较重要。10～20千克重的断奶仔猪每千克饲粮中分别含维生素A 1 700国际单位、维生素D 1 200国际单位和维生素E 11国际单位。青绿多汁饲料不仅适口性好，易消化，营养价值较高，而且含有丰富的维生素。因此，在断奶仔猪日粮中应补充适量品质好的青绿多汁饲料，但不能过多，否则会引起仔猪腹泻。

137. **仔猪断奶后为什么容易发生腹泻？**

断奶是仔猪出生后最大的应激因素，仔猪早期断奶容易发生腹泻，其原因主要有以下几方面：

（1）**仔猪胃肠分泌机能不完善** 仔猪整个消化道发育最快的阶段是在 20～70 日龄。仔猪出生后的最初几周，胃内酸分泌十分有限，一般要到 8 周以后才会有较为完整的分泌功能。这种情况严重影响了 8 周龄以前断奶仔猪对日粮中蛋白质的充分消化。哺乳仔猪因母乳中含有乳酸，使胃内酸度较大，即 pH 较低。仔猪一经断奶，胃内 pH 则明显提高。

仔猪消化道内酶的分泌量一般较低，但随消化道的发育和食物的刺激而发生重大变化。其中碳水化合物酶、蛋白酶、脂肪酶会逐渐上升。

（2）**微生物区系不健全** 哺乳仔猪消化道的微生物是乳酸菌，它可减轻胃肠中营养物质的破坏、减少毒素产生、提高胃肠黏膜的保护作用、有力地防止因病原菌造成的消化紊乱与腹泻。乳酸菌最宜在酸性环境中生长繁殖。断奶后，胃内 pH 升高，乳酸菌逐渐减少，大肠杆菌逐渐增多（pH 为 6～8 时环境中生长），原微生物区系受到破坏，导致疾病发生。

（3）**仔猪的免疫状态差** 新生仔猪从初乳中获得母源抗体，在 1 周龄时达最高峰，然后抗体滴度逐渐降低。第 2～4 周龄母源抗体滴度较低，而主动免疫也不完善，如果在此期间断奶，仔猪容易发病。

（4）**应激反应强** 仔猪断奶后，因离开母猪，在精神和生理上会产生一种应激，加之离开原来的生活环境，对新环境不适应，如舍温低、湿度大、有贼风，以及房舍消毒不彻底，常因长时间吃不上奶过度饥饿后猛吃饲料，从而加重了胃肠的负担，容易导致消化机能紊乱，而发生条件性腹泻。

138. **怎样饲养早期断奶仔猪？**

（1）**少喂勤添，定时定量**　断奶仔猪生长发育虽然快，所需要的营养物质多，但其消化道容积仍然比成年猪小，为此，应采取少喂勤添的饲喂方法。一般每天喂 6 次，每次喂 8～9 成饱为宜，以使其保持旺盛的食欲。夜间 9～10 点钟可加喂一次，这样不仅可使仔猪多吃料，有利于生长发育，还可防止猪在寒夜里压垛而造成伤害，避免冬天夜长仔猪因饥饿而睡卧不安，从而影响生长发育。

（2）**供给充足、新鲜、清洁的饮水**　仔猪快速生长发育需要大量水分，如饮水不足，会影响食欲与增重。因此，供水要充足、新鲜、清洁、全天不断饮水。饮水量一般冬季为饲料量的 2～3 倍，春、秋季为饲料量的 4 倍，夏季为饲料量的 5 倍。

（3）**添加生长促进剂**　仔猪生长促进剂很多，有抗生素饲料添加剂、磺胺制剂等。抗生素饲料添加剂有青霉素、链霉素、土霉素、金霉素、四环素与杆菌肽锌等。促进断奶仔猪的生长，以金霉素与四环素效果显著。最好是添加微生态制剂。

139. **怎样管理早期断奶仔猪？**

（1）**合理分群**　仔猪断奶后，在原圈饲养 10～15 天，当仔猪吃食与粪便一切正常后，再根据仔猪的性别、大小、吃食快慢进行分群，应使个体重相差不超过 3 千克的合为一群。对体重小、体弱的仔猪宜单独组群，细心护理，特殊照顾。

（2）**创造舒适的小环境**　断奶仔猪圈必须阳光充足，温度适宜（22℃左右），清洁干燥。仔猪进入猪圈前应彻底打扫干净，并用 2％的火碱水全面消毒，然后铺上土与草的混合垫料（土有吸湿性，草有保暖性），为断奶仔猪创造一个舒适的小环境。

（3）**有足够的占地面积与饲槽**　仔猪群体过大或每头仔猪占地面积太小，以及饲槽太少，容易引起争斗，这样休息不足，采食不够，从而影响仔猪的生长发育。断奶仔猪的占地面积为每头 0.5～0.8 平方米较好，每群一般以 10 头左右为宜，设有足够的饲槽与水槽，让每头仔猪都能吃饱、饮足，不发生争食现象。

（4）**防寒保温** 冬季或早春气候寒冷，仔猪常堆积在一起睡卧，互相挤压，容易压伤压死、感冒、腹泻等。因此，在入冬前要维修好猪圈，圈内多垫干土和干草，并勤扫、勤垫，必要时准备草帘与火炉等，有条件时可修建暖圈或塑料大棚来饲养断奶仔猪。

（5）**细心调教** 要调教训练仔猪排便、采食、睡卧三点定位。重点训练仔猪定点排粪尿，使之养成不随便排泄的习惯。

140. 什么叫保育猪？有何生理特点？

保育猪是指断奶后在保育舍内饲养的仔猪，即从离开产房开始，到转出保育舍为止，一般指 30～70 日龄、体重在 20～60 千克的仔猪。

保育猪的生理特点：一是生长发育快。保育猪的食欲特别旺盛，常表现出抢食和贪食现象，称为猪的旺食时期。若是饲养管理得法，仔猪生长迅速，日增重 500 克以上。二是对疾病易感性高。由于断奶时仔猪基本失去母源抗体的保护，而自身的主动免疫能力又未建立完善，对传染性胃肠炎、圆环病毒病等疾病都十分易感。三是抗寒能力差。保育猪一旦离开了温暖的产房和母猪的怀抱，要有一个适应过程。若长期生活在 18℃ 以下的环境中，不仅影响其生长发育，还能诱发多种疾病。

141. 保育猪饲养管理中要注意哪四个问题？

（1）**保育猪的全进全出** 虽然大部分猪场管理者都注意猪群的全进全出，但由于猪舍设计不合理，生产安排不协调，导致全进全出难以真正实现。尤其是一些老猪场的保育舍中，一般都有几个批次，且猪群的日龄相差较大。这些猪群同处一舍，给日常的饲养管理带来困难，比如栏舍的彻底清洗的程度不够，空栏消毒达不到预期的目的，给疾病的交叉传播创造了条件。而保育阶段正好是猪的被动免疫减弱、主动免疫产生的交替阶段，这就使得断奶仔猪的健康成长得不到保证。

（2）保育舍内环境的控制　由于断奶仔猪对低温的敏感，使保育舍的保温工作成为日常管理的重点，在舍内温度低于26℃时，进猪前的舍内升温成应准备工作之一。同时，应当注意舍内通风换气，特别是在保育后期，通风换气量应是前期的32倍以上。

（3）疫苗注射引起的猪群应激　虽然各场疫苗的选择和免疫程序的制定各不相同，但保育阶段的接种次数一般都不少于3次。频繁的免疫注射会使仔猪在接受断奶、环境改变、重新组群的应激之后，仍处于一个高度应激的环境之中，给猪群带来很大的危害。

（4）保育阶段的数据统计与问题分析　有报道认为仔猪在8周龄以上已经达到了快速生长期，而从8周龄到出栏的生长率在保育阶段已被确定。如果仔猪在保育的生长加速期受到影响而延迟生长，育肥期的生长必将受到持续影响。这就需要一系列的数据来帮助发现问题，并对其进行系统的分析，找出保育猪生长受阻的根源并及时解决，让损失降到最小。

142. 如何预防仔猪断奶后的应激？

仔猪断奶后，因为生活环境的改变，以及抵抗力弱，易受应激而感染疾病，断乳后如果管理不善，则会严重影响生长发育，所以在这段时间必须充分注重适宜的饲养管理方法。天气恶劣时，要严防贼风的侵入，避免仔猪受寒。在条件许可的情况下，要把仔猪留在原窝所在舍饲养，把母猪移走，这样可减少仔猪因更换环境造成的应激，且保持猪舍通风良好和地面清洁干燥。也可在仔猪栏内放一些圆球状的物品或木棒给仔猪当做玩具，以分散其断奶后的思母情结。刚断奶的仔猪，必须喂给近似母乳营养成分的饲料，特别是含蛋白质、无机盐类以及钙质丰富的饲料，并将饲料调制得易于消化。断奶第2～7天，可适当限料，降低日粮中蛋白质含量。一经发现仔猪患病，应立即予以治疗，以减少病原传播的机会。

143. 怎样挑选仔猪？

选好仔猪是养好育肥猪的基础和前提。要想挑选长得快，节省料，发病少，效益高的仔猪，须从以下几个方面参考：

一看：健康仔猪眼大有神，动作灵活，行走轻健，皮毛光洁，白猪皮色肉红，没有卷毛、散毛、皮垢、眼屎、异臭味，后躯无粪便污染，贪食、好强，常举尾争食。如果仔猪动作呆滞、跛行、卷毛、毛乱，有眼屎，后躯有粪便污染，多为病猪或不健康的仔猪，不应选购。

二问：问明仔猪的品种，是否经当地兽医部门的产地检疫并索要检疫证明，当地是否有某种传染病流行，是否打过猪瘟、猪丹毒、猪肺疫、猪链球菌和猪副伤寒等预防针。

三选：挑选同窝仔猪体重大的，不选体重小的；挑选身腰长，前胸宽，嘴短，后臀丰满，四肢粗壮而有力，体长与体宽比例合理，有伸展感的仔猪，不选"中间大，两头小"短圆的仔猪；挑选父本为外来良种的杂交仔猪，最好是三品种杂种仔猪，不购地方品种纯种的仔猪；选择带有耳缺（已打过预防针的），不选没有耳缺的仔猪饲养。

144. 如何做好新购进仔猪的饲养管理工作？

（1）**做好进栏前的准备** 购进仔猪前先将猪栏舍打扫干净，尤其是发生过疫病的栏舍更应进行全面、彻底的消毒。

（2）**购买健康的仔猪** 一般宜购买本地产的仔猪，本地的仔猪情况清楚、健康状况有把握，适应性也比较好。如在集市上和流动商贩手里购买仔猪，应请兽医专业的技术人员检查是否健康无病，购买时还要索取动物免疫证、动物产地检疫合格证、运载工具消毒证等。

（3）**问明购买前的饲养管理情况** 购买仔猪时应问清仔猪以前喂料的种类、饲喂时间及次数。仔猪购来后应先按原来的喂料及饲养管理方法饲养，不能有太大变动。更改管理方法及更换喂料时要循序渐进，不可一次全部更换，要使仔猪有个适应过程。

（4）**仔猪进栏后应进行肠道消毒和栏内生活场所的固定** 仔猪进

栏后即可喂给 0.1% 的高锰酸钾溶液，或在水中加入抗生素，并供给充足的清洁饮水。饮水后让仔猪自由活动，并在猪栏的排水低处洒些水，使仔猪认得这是排泄拉便的地方，待仔猪排便后，再喂给适量的青绿多汁饲料或颗粒料。第 2 天后逐渐添加一些精饲料，让仔猪吃至七八成饱为宜。

（5）**注意防寒保暖**（防暑降温）　仔猪的抵抗能力和适应能力都较差，所以冬天要注意防寒保暖、夏天要做好防暑降温，使仔猪有一个好的环境而不感冒、不中暑，防止因感冒或中暑后因抵抗力下降而诱发其他疾病。

（6）**防止仔猪下痢、增强消化力**　仔猪适应环境和转入正常饲喂后，可在饲料中添加强力霉素，每日每头添加 0.4～0.8 克，从而预防仔猪下痢。同时，为增强仔猪胃肠适应能力，还可在饲料中适量添加酵母粉或苏打片。

（7）**适时免疫接种、预防传染病的发生**　仔猪经 7～10 天的饲养观察，确定其生理活动正常后，要给未经预防接种的仔猪按免疫规程进行猪瘟、猪蓝耳病、圆环病毒病、气喘病及口蹄疫等疫苗的预防接种，防止传染病的发生。

（8）**及时驱除肠道寄生虫**　仔猪饲养 15～30 天时，可使用盐酸左旋咪唑、依维菌素等内服驱虫。经 3～5 天观察，如果仔猪没有异常表现和发病征兆，即可和其他的仔猪合群混养。

145.　如何使仔猪安全过冬?

（1）**注意猪群大小**　仔猪断奶后需要转群、分群和并群。转群最好原窝转群，分群和并群应视猪的大小合理安排，一般每群以 10 头左右为宜。当温度下降到 6℃时仔猪就会上垛打堆，一个仔猪群头数越多，堆垛越高，弱小的仔猪就会被压在底层造成死亡现象。因此，要及时增添优质饲料，最好每晚增喂一次饲料。

（2）**保持猪舍温暖**　猪舍应背风向阳，夜间应用秸秆遮挡门窗，防止冷风侵入，舍内要勤清粪便，多铺垫草，有条件的可设取暖设备，保持猪舍温度在 6℃以上。

（3）**改单养为群养** 适当增加饲养密度，对仔猪有好处。一是符合猪的生活习惯，互相争食，吃得饱，增重快；二是可互相取暖；三是好差饲料搭配可节省饲料，降低成本，一般每圈不少于 5～7 头为宜，最好在原圈舍内喂养。

146. 仔猪为什么要去势？

母仔猪性成熟后每间隔 18～24 天就要发情一次，持续期为 3～4 天，多者为一个星期。母猪在发情期内，表现神情不安，食欲减少，影响休息，增生缓慢，饲料报酬降低。公猪更是如此。去势后的公、母猪则无以上现象，且性情变得安静温顺，食欲好，增生快，肉脂无异味。特别是我国地方猪种性成熟早，肉猪饲养期长，供育肥的公、母仔猪和不留作种用的都要去势。

147. 仔猪什么时间去势最适宜？

现代培育品种瘦肉型猪性成熟较晚，在高水平饲养条件下 5～6 月龄（体重可达 90～110 千克）性成熟前即可上市，但公猪比母猪和阉猪长得快，所以饲养没有地方猪种参与的两品种和三品种杂种瘦肉型猪，育肥时可只给公猪去势，不给母猪去势。

我国地方猪种性成熟早，肉猪饲养期长，供育肥的公、母猪都必须去势。经去势的仔猪性情安静，食欲好，增重快（无发情干扰），肉脂无异味。自繁仔猪的专业户，供育肥的小公猪可于哺乳期内 10 日龄左右，一般 10～14 日龄、体重 3～4 千克时去势；养猪工厂仔猪可于 10 日龄左右去势，2 天后刀口已愈合，应激小。不留种用的小母猪可于 1 月龄以内去势。早去势，伤口愈合快，手术简便，后遗症少。

148. 怎样给小公猪去势？

小公猪去势又叫阉割，是将小公猪的睾丸和附睾摘除，使其失去性机能。小公猪一年四季均可去势，但以春、秋两季为好。

去势方法和步骤：先准备一把去势刀（刮脸刀片也可）和5％碘酊5毫升、干净的棉球若干。然后将小公猪左侧横卧地，背向手术者，手术者用左脚踩住猪的颈部，右脚踩住尾巴，用碘酊棉球在公猪肛门下方的阴囊部位涂擦消毒。消毒后用左手拇指和食指捏住阴囊上部皮肤，把一侧睾丸挤向阴囊底部，使阴囊皮肤紧张，将睾丸固定住。术者右手持手术刀或刀片，在阴囊底部纵向切开一2厘米长、1厘米深的切口，挤出睾丸，用手撕断鞘膜韧带（白色韧带），用力拉断（捋断）精索，涂擦5％碘酊，取出睾丸，然后以同样的方法摘除另一侧睾丸。切口涂擦碘酊消毒，一般不要缝合，但去势后要注意保持猪圈内清洁卫生，以免污染伤口而引起感染。

149. **怎样给小母猪去势？**

给小母猪去势通常采用外科手术方法，将不留种用的母猪卵巢摘除，使其失去性欲，从而提高其生产性能和畜产品质量，增加养猪经济效益。具体方法步骤如下：

（1）**保定** 术者左手握住仔猪的左后肢，把猪倒提起，右手以中指、食指和拇指抓住耳朵，向下扭转半圈，将其头部侧耳、面贴于地面，术者右脚掌踩住右侧耳朵根部。然后左手将其后躯放低贴于地面，两手抓住右后肢，用力将猪体躯和左右后肢直至猪蹄前面朝上，成半仰卧势，术者左脚踩住其左后肢小腿部。

（2）**手术部位** 术者左手中指指肚顶住猪的左侧髋结节，拇指用力按压其侧皱边缘下方1～2厘米处之腹壁，其按压力点与中指顶住的髋结节相对应，髋结节与小腹壁按压点成一垂直线。术部切口在拇指按压点稍下方。

（3）**手术方法** 将术部剪毛，用5％的碘酊消毒之后即可施行手术。右手握住柳叶刀柄，以食指贴住刀柄距刀尖约1厘米处，以便于控制刀口深度。左手拇指用力下压术部，右手持刀向术部垂直插入，同时左手拇指轻压术部，借助腹腔压力，一次穿破腹壁。此时用刀向外推压创口，左手拇指紧压术部，子宫角即可涌出切口。如子宫角不能涌出时，可用刀柄伸入腹腔钩出，连同卵巢、子宫角一起摘除，其断端涂擦碘酊消毒后送回腹腔，然后提起仔猪后肢摇晃几下（防止粘连）放开，即完成手术。

150. 哪些情况下母猪不能去势？

（1）**病猪不能去势** 凡是体温不正常，患有严重皮肤病和体弱多病的猪不能去势。

（2）**发情母猪不能去势** 母猪发情时由于输卵管红肿充血，此时去势易造成出血死亡。

（3）**饱食后的母猪不能去势** 饱食后去势，易伤及猪的胃肠，影响猪的消化和生长。

（4）**妊娠母猪不能去势** 母猪妊娠时去势，容易造成机械性流产。

（5）**炎夏中午母猪不能去势** 由于炎夏中午气温较高，去势后输卵管不结扎，容易引起出血过多，而导致死亡。

（6）**无消毒药物不能去势** 去势时一般用 5% 的碘酒消毒，术者手和手术刀用 75% 的酒精消毒，以防局部感染化脓，无上述药物时，不能给猪去势。

五、肉猪生产

151. 什么叫瘦肉型猪？瘦肉型猪的标准是什么？

所谓瘦肉型猪是指以产瘦肉为主要特征的猪种，即猪胴体瘦肉多、肥肉少，胴体瘦肉率在55％以上。其外形特点是中躯长，前后肢间距宽，头颈较轻，腿臀发达，肌肉丰满，一般体长大于胸围15～20厘米，在标准饲养管理下，6月龄体重可达100千克。如长白猪、大约克夏猪、杜洛克猪、皮特兰猪、汉普夏猪等都属于瘦肉型猪。

152. 什么叫商品瘦肉型猪？

所谓商品瘦肉型猪是指以生产商品瘦肉为目的，体重90～100千克宰杀，其瘦肉率在50％以上的杂种猪。即用瘦肉型猪作父本，与地方良种母猪或一代杂种母猪或外来良种母猪杂交生产的后代。

153. 我国商品瘦肉型猪生产现状如何？

目前我国商品瘦肉型猪按其瘦肉率一般分为3个级别。

（1）**纯杂猪** 指瘦肉率在60％以上，由2个或3个外来瘦肉型品种杂交生产的后代。如长白猪与大约克夏猪杂交生产的杂种猪。这种猪瘦肉率高，生长速度快，饲料报酬高，但对饲料要求高，需要饲喂全价配合饲料，外贸出口基地和大型专业户适宜饲养这种商品瘦肉型猪。

（2）**三元良杂猪** 即由2个外来瘦肉型品种与1个地方良种母猪杂交生产的后代，这种猪适宜城市郊区和粮食充足，饲养条件好，商

品饲料有保障地方的专业大户饲养。

（3）**二元良杂猪** 即用1个外来瘦肉型品种作父本与1个地方良种母猪杂交所生产的后代。这种猪适合于我国广大农村大多数地方，特别是边远山区，广大农户、小型专业户、重点户饲养。这种杂种猪可充分利用当地的青、粗饲料和农副产品，提高经济效益。

154. 发展瘦肉型猪有什么好处？

瘦肉型猪具有生长快、省料、繁殖力强等特点。第一是产仔多，成活率高。瘦肉型猪平均每窝成活仔猪可多出1～1.5头，断奶窝重提高30%～40%。第二是生长速度快，饲料转化率高。可提高20%～30%。生产1千克脂肪的饲料可以生产32千克的瘦肉。第三是瘦肉率高。优良杂交猪瘦肉率为55%以上，与母本比较日增重提高13%～53%，瘦肉率提高15%～20%，每头多产瘦肉11千克左右，节省饲料15千克以上。

瘦肉中含有动物性蛋白约22%，易被人体吸收利用，同时含有丰富的磷、铁等矿物质和B族维生素，适口性良好。

155. 肉猪按生长发育阶段分为哪几个时期？

肉猪按生长发育阶段可划为三个时期：体重15～35千克为发育期，称为仔猪阶段；体重35～60千克为生长期，称为中猪或架子猪阶段；体重60～90千克为育肥期，称为大猪或催肥阶段。

156. 育肥猪需要哪些适宜的环境？

育肥猪舍要求清洁干燥，阳光充足，空气新鲜，温度、湿度适宜（猪增重最适宜和饲料利用率最好的温度是17～18℃，相对湿度为75%～80%），猪安静躺卧，四肢伸展，表现非常舒适。一般猪舍应坐北朝南，冬季注意保暖，夏季注意防热、防晒。在炎热的夏天，每天可用冷水冲洗地面降温，在南方可用喷雾式淋浴帮助猪体散热降温；在严寒的冬季，注意防寒保暖，堵塞猪舍孔洞，防御寒风的侵袭，增加垫草和保持猪舍内干燥，对密闭式猪舍要加强光照，饲养密度不要过高，以每头猪所占的面积 0.6～0.7 平方米为宜。

157. 育肥猪的生长发育有什么规律？

(1) **体重的绝对增重规律** 一般体重的增长是慢—快—慢的趋势。正常的饲养条件下，初生仔猪的体重为 1.0～1.2 千克，7 日龄内日增重为 110～180 克；2 月龄体重为 17～20 千克，日增重为 450～500 克；3 月龄体重为 35～38 千克，日增重为 550～600 克；4 月龄体重为 55～60 千克，日增重为 700～800 克；5～6 月龄体重为 70～110 千克，日增重为 800 克左右。

(2) **机体组织生长规律** 骨骼在 4 月龄前生长强度最大，随后稳定在一定水平上；皮肤在 6 月龄前生长最快，其后稳定；脂肪的生长与肌肉刚好相反，在体重 70 千克以前增长较慢，70 千克以后增长最快。综合起来，就是通常所说的"小猪长骨，中猪长皮（指肚皮），大猪长肉，肥猪长油（脂肪）"。

(3) **猪体化学成分变化规律** 随着年龄的增长，猪体内蛋白质、水分及矿物质含量下降。如体重 10 千克时，猪体组织内水分含量为 73% 左右，蛋白质含量为 17%；到体重 100 千克时，猪体组织内水分含量只有 49%，蛋白质含量只有 12%。初生仔猪体内脂肪含量只有 2.5%，到体重 100 千克时含量高达 30% 左右。

158. 肉猪育肥前要做好哪些准备工作？

(1) **圈舍消毒** 在进猪之前，应将圈舍进行维修，并清扫干净，彻底消毒。可用 2%～3% 的苛性钠水溶液喷雾消毒，墙壁用 20% 石灰乳粉刷消毒。用土地面圈养肉猪的，圈内猪粪应彻底起净后，再垫上一层新土。

(2) **选购优良仔猪** 要选购优良杂交组合、体重大、活力强、健康的仔猪进行育肥。

（3）**预防接种** 自繁仔猪应按兽医规程进行猪瘟、猪丹毒、猪肺疫及仔猪副伤寒等疫苗进行预防接种。外购仔猪，特别是从交易市场购进的仔猪，进场后必须全部进行一次预防接种，以免暴发传染病，造成损失。

（4）**驱虫** 猪的体内寄生虫，以蛔虫感染最为普遍，主要危害3～6个月龄的幼猪。常选用四咪唑、左旋咪唑等药物驱除。体外寄生虫，以猪疥螨为最常见，对猪的危害也较大。常用2%敌百虫水溶液遍体喷雾，同时更换垫草，一次不愈，间隔一周再喷一次，猪栏和猪能接触到的地方同时喷雾。另外，在猪饲料中拌入伊维菌素一次喂服，可同时驱除体内线虫及体表疥螨、猪虱，既方便，效果又好。

159. 育肥猪的饲养方式有哪几种？

育肥猪的饲养方式很多，但归纳起来大致可分为两类：一类是传统的"吊架子"育肥法，又称阶段育肥法；另一类是直线育肥法，又称一贯育肥法或快速育肥法。

160. 什么叫"吊架子"育肥法？有哪些技术要点？

"吊架子"育肥法，又称阶段育肥法，即把生长猪分为小猪、中猪、大猪三个阶段，按照不同的发育特点，采用不同的饲养方法。仔猪在体重30千克以前采取充分饲喂，也就是让猪不限量地吃，保证其骨骼和肌肉能正常发育，饲养时间2～3个月；从体重30千克喂到60千克左右，为吊架子阶段，饲养时间4～5个月，此期为限量饲喂，应尽量限制精饲料的供给量，可大量供给一些青绿饲料及糠麸类，使猪充分长成粗大的身架；猪体重达60千克以上进入催肥阶段，应增加精饲料的供给量，尤其是含碳水化合物较多的精料，并限制其运动，加速猪体内脂肪沉积，外表呈现为肥胖丰满。一般喂到80～90千克，约需2个月，即可出栏屠宰上市。

"吊架子"育肥法多用于边远山区农户养猪，其优点是能够节省精饲料，充分利用青、粗饲料。缺点是猪增重慢，饲料消耗多，屠宰后胴体品质差，经济效益低。

161. 什么叫直线育肥法？有哪些技术要点？

直线育肥法，又称一贯育肥法或快速育肥法，主要特点是没有"吊架子"期，即从仔猪断奶到育肥结束，都给予完善营养，精心管理，没有明显的阶段性。在整个育肥过程中，充分利用精饲料，让猪自由采食，不加以限制。在配料上，以猪在不同生理阶段不同营养需要为基础，能量水平逐渐提高，而蛋白质水平逐渐降低，一般饲喂到体重达 90～110 千克时上市。

快速育肥法的优点是：猪增重快，育肥时间短，饲料报酬高，胴体瘦肉多，经济效益好。随着肉猪生产商品化的发展，传统的阶段育肥法已逐渐被快速育肥法所代替。

162. 架子猪怎样催肥？

当架子猪体重达 60 千克即进入催肥期。催肥前首先要进行驱虫和健胃，因为架子猪阶段管理比较粗放，猪进食生饲料，拱泥土、污物，尤其在放牧条件下，难免要感染蛔虫，所以，必须进行驱虫。驱虫药物可选用兽用敌百虫，按每千克体重 60～80 毫克，拌入饲料中一次服完。在驱虫后 3～5 天，按每千克体重 2 片大黄苏打片，研成粉末，均分三餐拌入饲料，以增强猪胃肠蠕动，促进消化。健胃后即可开始增加日粮营养，开始催肥。催肥前期一个月，饲料力求多样化，逐渐减少粗饲料的喂量，加喂含碳水化合物多的精饲料，如玉米、糠麸、薯类等，并适当控制运动，以减少能量的消耗，利于脂肪的沉积。到了后一个月，因猪体内已沉积了较多的脂肪，胃肠容积缩小，采食量日渐减少，食欲下降，这时应调整日粮的配合，进一步增加精料用量，降低日粮中精、粗饲料比例，并尽量选用适口性好、易消化的饲料，适当增加饲喂次数，少喂勤添，供给充足饮水，保持环境安静，注意冬季舍内保温，夏季通风凉爽，使其给食后

充分休息，以利于脂肪沉积，达到催肥的目的。建议全程使用全价配合饲料。

163. 猪快速育肥需要哪些环境条件？

（1）温度　猪是恒温动物，在一般情况下，如果气温不适，猪体可通过自身的调节来保持体温的基本恒定，但这时需要消耗许多体力和能力，从而影响猪的生长速度。生长育肥猪的适宜气温是：体重 60 千克以前为 16～22℃；体重 60～90 千克为 14～20℃；体重 100 千克以上为 12～16℃。

（2）湿度　湿度过高或过低对生长育肥猪均有影响。当高温高湿时，猪体散热困难，猪感到更加闷热；当低温高湿时，猪体散热量显著增加，猪感到更冷，而且高湿环境有利于病原微生物的繁殖，使猪易患疥癣、湿疹等皮肤病。反之，空气干燥，湿度低，容易诱发猪的呼吸道疾病。猪舍适宜的相对湿度为 60%～70%。

（3）光照　在一般情况下，光照对猪的育肥影响不大。育肥猪舍的光线只要不影响猪的采食和便于饲养管理操作即可。尤其要注意，不宜给育肥猪强烈的光照，以免影响育肥猪的休息和睡眠。

（4）有害气体　由于粪尿、饲料、垫草的发酵或腐败，经常分解出氨气和硫化氢等有毒气体，而且猪的呼吸又会排出大量的二氧化碳。如果猪舍内二氧化碳的浓度过高，会使猪的食欲减退，体质下降，增重缓慢；如果猪舍内氨气和硫化氢浓度过高，刺激和破坏黏膜、结膜，会诱发多种疾病。因此，猪舍内要经常注意通风，及时处理猪粪尿和污物，并注意合适的圈养密度。

（5）圈养密度　如果圈养密度过高，群体过大，可导致猪群居环境变劣，猪只之间冲突增加，食欲下降，采食减少，生长缓慢，猪群发育不整齐，易患各种疾病。在一般情况下，圈养密度以每头生长育肥猪占 0.8～1.0 平方米为宜，猪群规模以每群 6～10 头为佳。

（6）噪声　噪声对生长育肥猪的采食、休息和增重都有不良影响。如果经常受到噪声的干扰，猪的活动量大增，一部分能量用于猪的活动而不能增重，噪声还会引起猪惊恐，降低食欲等。

164. 怎样安排猪快速育肥的工作程序？

（1）**饲养观察** 对即将育肥的仔猪，先用常规饲养方法饲养3～5天，期间观察它们有什么变化，如果发现病情应及时治疗，如果没有发现病情或治愈后，便可进行下一步工作。

（2）**驱虫洗胃** 观察后的第1天，若猪处于正常状况，可用兽用敌百虫片，按每10千克体重2片的剂量，研细拌入适量饲料让猪一次吃完。一般于驱虫后的第3天，用碳酸氢钠（小苏打）15克，于早餐拌入饲料内给猪喂服，以清理胃肠。

（3）**健胃促消化** 驱虫后的第5天，用大黄苏打片，以每10千克体重喂2片的剂量，研碎分3顿拌入饲料内喂服，以增强猪胃肠的蠕动，促进消化，并可消除驱虫药和洗胃药可能引起的副作用。

（4）**增加营养** 经过驱虫、洗胃、健胃后，猪胃肠内寄生虫被驱出，肠壁也变薄，并易于吸收营养物质，此时应饲喂配合饲料，增加营养。

第一次驱虫、洗胃、健胃2个月后，再按上述方法进行第二次驱虫、洗胃、健胃工作。按照这种方法，体重15千克左右的断奶仔猪，经过先后两次驱虫、洗胃、健胃，饲养4个月一般体重可达90千克以上。

165. 猪快速育肥的管理要点有哪些？

（1）**定时定量** 喂猪要规定一定的次数、时间和数量，使猪养成良好的生活习惯，吃得香，睡得好，长得快。一般在饲喂前期每天宜喂5～6顿，在后期每天喂3～4顿，每次喂饲时间的间隔应大致相同，每天的最后一顿要安排在晚上9点钟左右，每顿喂量要基本保持均衡，可喂八至九成饱，以使猪保持良好的食欲。

（2）**先精后青** 喂饲时，应先喂精饲料，后喂青饲料，并做到少喂勤添，一般每顿食分3次投给，让猪在半小时内吃完。饲槽内不要有剩料，然后再投喂青料，喂饲时要洗干净，可不切碎，让猪咬吃咀

嚼，把更多的唾液带入胃内，以利于饲料的消化。

（3）**喂湿拌生料**　喂生料既能保证饲料营养成分不受损失，又能节省人工和燃料。除马铃薯、木薯、大豆、棉籽饼等含有害物质需要熟喂外，其他大部分植物性饲料均应生喂。用浓缩料、预混料自拌饲料喂前最好制成湿拌料，即先把一定量的配合饲料（粉料）放进桶（缸、池）内，然后按 $1:1\sim1.5$ 的料水比例加水，加水后不要搅动，让其自然浸没，夏、秋季浸 $20\sim30$ 分钟，冬、春季浸 $30\sim40$ 分钟，浸泡后，以用手抓捏不出水手松料散开为宜。用浸泡后的湿料喂猪，能促进饲料软化，有利于猪胃肠消化吸收。

（4）**及时供水**　水分对猪体内养分的运输、体液分泌、体温调节、废物排出等都有重要作用。因此，必须让猪喝足水。如采用湿拌料喂猪，在吃完食之后，要给猪喝足水。冬、春季要供给温水。

（5）**注意防病**　在进猪之前，圈舍应进行彻底清扫和消毒，准备育肥的幼猪应做好各种疫苗接种。在育肥期间要注意环境卫生，制订严密的防病措施，为育肥猪创造舒适的气候环境，确保育肥猪健康无病。

（6）**适时出栏**　猪的一生是前期长肉，后期长膘。生长育肥猪达到一定年龄后，随着体重的增长，料肉比逐渐增大，瘦肉率逐渐降低。因此，存栏时间不宜过长，出栏体重不宜过大。反之，存栏时间短，出栏体重小，虽然能降低料肉比，提高瘦肉率，但每头猪的产肉量减少，又提高了养猪成本。考虑育肥猪的胴体品质和养猪的经济效益，出栏时期应安排在 $4\sim5$ 月龄，体重 $90\sim110$ 千克为宜。

166. 适合瘦肉型猪的典型配方有哪些？

（1）**体重 $20\sim40$ 千克时的饲料配方**

①大麦 21%，玉米 50%，麦麸 5%，鱼粉 7%，豆饼 10%，槐叶粉 5%，骨粉 1.5%，食盐 0.5%，每 $1\,000$ 千克饲料加入硫酸亚铁 100 克，硫酸锌 100 克。

②大麦 21%，玉米 55%，麦麸 5%，鱼粉 7%，豆饼 5%，槐叶粉 5%，骨粉 1.5%，食盐 0.5%，每 $1\,000$ 千克饲料加入硫酸亚铁

100 克。

③ 大麦 21％，玉米 50％，麦麸 5％，鱼粉 7％，豆饼 10％，槐叶粉 5％，骨粉 1.5％，食盐 0.5％，每 1 000 千克饲料加入硫酸亚铁 100 克。

以上各方，每天每头猪给料 1.3～1.5 千克，用水拌湿料水比以 1∶1～1.3 为宜。

(2) 体重 40～60 千克时的饲料配方

①大麦 21.5％，玉米 55％，麦麸 5％，鱼粉 5％，豆饼 7％，槐叶粉 5％，骨粉 1％，食盐 0.5％，每 1 000 千克饲料加入硫酸亚铁 100 克，硫酸锌 100 克。

②大麦 23.0％，玉米 57.5％，麦麸 5.0％，鱼粉 6.0％，豆饼 2.0％，槐叶粉 5.0％，骨粉 1.0％，食盐 0.5％，每 1 000 千克饲料加入硫酸亚铁 100 克。

③玉米 62％，麦麸 11％，葵花饼 11％，豆饼 13％，骨粉 2.5％，食盐 0.5％。

以上各方，每天每头猪给料 2～2.2 千克，用水拌湿，水料比 1∶1～1.3 为宜。

(3) 体重 60～90 千克时的饲料配方

①大麦 40％，玉米 44％，麦麸 5％，鱼粉 2％，豆饼 3％，槐叶粉 5％，骨粉 0.5％，食盐 0.5％，每 1 000 千克饲料加入硫酸亚铁 100 克，硫酸锌 100 克。

②大麦 31％，玉米 55％，麦麸 5％，豆饼 3％，槐叶粉 5％，骨粉 0.5％，食盐 0.5％，每 100 千克饲料加入硫酸亚铁 100 克。

以上各方，每天每头猪给料 2.8～3.2 千克，用水拌湿料水比以 1∶1～1.3 为宜。

167. 使用浓缩饲料喂猪有什么好处？

浓缩饲料又称蛋白质补充饲料，是蛋白质饲料（鱼粉、饼粕等）和常量矿物质饲料（食盐、骨粉、石粉、贝壳粉）及添加剂预混料配制而成的配合饲料的半成品。浓缩饲料不能直接用于饲料喂畜禽，必须再加入一定比例的能量饲料（谷物、杂粮、玉米等）加以稀释，才能构成满足畜禽营养需要的全价配合饲料。

使用浓缩饲料喂猪有以下几点好处：

（1）浓缩饲料的蛋白质含量高达30％～45％，且含有丰富的微量元素、维生素、氨基酸等营养成分。

（2）由于浓缩饲料与适量能量饲料混合即成全价配合饲料，饲养效果好，既能充分利用农家自产的能量饲料如玉米、米糠等，又大大地减轻了交通运输的压力，降低养猪成本。

（3）用量少，使用方便。在常规的能量饲料中只需要加入适量的浓缩饲料即可，不煮，使用方便，有利于我国广大农村分散的养猪者使用。

168. 怎样用预混料养猪？

预混料是全价配合饲料的核心部分，内含各种氨基酸、矿物质、维生素、防病保健药品、营养改良剂、保存剂、诱食剂等成分，又称之为添加剂预混料。用于养猪，使用农家现有的稻谷（或玉米）、米糠、棉籽饼（或菜籽饼）、青绿饲料及残汤剩饭等，即可获得与全价配合饲料同样的养猪效果。

（1）**饲料配方**　1％预混料1千克、玉米30千克、麦麸10千克、棉籽饼（去毒）3.5千克、黄豆2千克、豆粕3.5千克。先将黄豆炒熟，再与玉米、棉籽饼、豆粕一起粉碎，加入麦麸，将预混料拌匀，即成50千克全价配合饲料。

（2）**饲喂方法**　将上述配合饲料干粉直接饲喂生猪，或按1∶1～1.5的比例用水拌湿饲喂；也可放入残汤中拌匀后饲喂（水分不能太多，以将粉料泡软为宜），每天每头猪添加青绿饲料1千克，日喂3次，另供给充足的清洁饮水。

（3）**注意事项**

①预混料不能直接用于喂猪，需要与其他饲料（蛋白、能量饲料等）配合一起才能用于喂饲。

②用预混料喂猪，不必再添加其他药物和饲料添加剂。

③严禁将预混料加入 40℃以上的热水中或放入锅内煮沸后喂猪，否则会失去饲用价值。

169. 中草药为什么对猪能起到育肥作用？

因为中草药具有健脾开胃，补气补血，清热解毒，抗菌驱虫，补病强身等功效。将中草药合理配合，根据生长猪不同生长阶段生理特点适当添喂，既可防病治病，又能促进增重。用中草药作为饲料添加剂，安全无害，不产生抗药性，在食用畜产品中无药物残留，而且中草药来源广，价格便宜，加工方便，饲喂育肥猪有明显的助长保健作用。

170. 常用的中草药饲料添加剂有哪些？

近年来，中草药饲料添加剂的应用与研究进展很快，可直接喂猪催肥的有 500 多种。常用的有以下几种：

（1）**松针粉** 在猪的日粮中加入 2.5%～5%的松针粉，日增重可提高 30%左右。

（2）**艾叶** 在猪的日粮中加入 2%～3%的艾叶粉，日增重可提高 5%～8%，可节省饲料 10%左右。

（3）**槐叶粉** 在猪的日粮中加入 3%～7%的槐叶粉，日增重可以提高 10%～15%，节省饲料 10%以上。

（4）**葵花盘粉** 在猪的日粮中加入 3%的葵花盘粉，日增重可以提高 13%以上。

（5）**芝麻叶** 利用芝麻叶喂猪可以代替 37%的稻谷，且日增重提高 20%左右。

（6）**薄荷叶粉** 在猪的日粮中加入 4%的薄荷叶粉，日增重可以提高 16%左右。

（7）**鸡冠花** 在肉猪的日粮中加入 5%的花或 10%的茎叶粉，日增重可以提高 10%。

（8）**野山楂** 在猪的日粮中加入 100 千克的山楂，可以增强猪的食欲，日增重提高 10%。

（9）**芫荽**（香菜）　在仔猪的日粮中加入4％的芫荽，日增重可以提高11％～23％。

（10）**党参叶**　在仔猪的日粮中加入一定比例的党参叶，日增重可以提高16％。

（11）**蚕沙**　在猪的日粮中加入适量的蚕沙，日增重可以提高13％左右。

（12）**蚯蚓粉**　在猪日粮中加入适量的蚯蚓粉，日增重可以提高10％～15％，体重25千克以上的猪日喂25克，50千克以上的猪喂50克。

（13）**麦芽粉**　在哺乳仔猪、断奶猪和僵猪的日粮中加入4％的麦芽粉，猪的体重分别提高2.3％、15.13％和56.4％。

（14）**葡萄渣**　在后备母猪的日粮中加入10％～15％的葡萄渣，日增重可以提高5％～7％，节省饲料35千克左右。

（15）**柠檬酸**　用含柠檬酸3％的饲料喂养10日龄仔猪，日增重可以提高30千克。

（16）**醋**　在肉猪的日粮中加入0.5％～2％的醋，猪采食量可增加10％，日增重可以提高15％左右。

（17）**沸石**　在肉猪的日粮中加入5％的沸石，日增重可以提高30％以上，育肥期缩短20天。

（18）**稀土**　在猪的日粮中加入0.06％的稀土，日增重可以提高30％以上，节省饲料10％以上。

（19）**白芍**　每头猪每天喂白芍10千克，日增重可提高3％～5％，日粮中加入2％，日增重可提高2％左右。

（20）**糖精**　在每千克日粮中加入0.05克的糖精，猪日增重可以提高10％以上，饲料消耗降低4％左右。

常用的中草药育肥处方有：追肥散、保健散、增重散、首乌合剂、肥猪灵、健胃生长剂等。

171. 如何使用生饲料养猪？

（1）**饲料生喂的优点**

①节省燃料费用和人工。用生饲料喂猪，每头猪从小到出栏可节

省燃料费用 5 元左右，节省工时 23～25 个。

②增重快、效益高。生饲料喂猪，营养损失少，仔猪增重可提高 15%～20%。

③生饲料新鲜可口、适口性好，猪吃得多，睡得香，长得快。

（2）**生饲料喂猪的方法**　将采集的青饲料（要求新鲜，无毒，无害，无霉烂）洗净，晾干切碎，按各类猪营养需要搭配精料，并充分拌混均匀，干湿度以手捏成团，撒手散开为宜。青、精饲料搭配比例，按重量计算，仔猪为 0.5∶1；断奶仔猪为 1∶0.8～0.6；架子猪（35～60 千克）为 1∶0.5～0.4；催肥猪（60～100 千克）为 1∶1～0.7。拌好的饲料要立即饲喂，现喂现拌，少给勤添，让猪吃饱为度。猪吃饱后，把饲槽清洗干净，供给清洁饮水。

（3）**生饲料喂猪注意事项**

①猪开始吃生饲料不习惯，饲喂时应生饲料由少到多，熟饲料由多到少，逐步向生饲料过度，经 7～10 天后，就可养成吃生饲料的习惯。

②定期驱虫、健胃。哺乳仔猪在 7～10 日龄即可开始补喂生饲料，到 40～50 日龄时，进行第一次驱虫、健胃；以后每 2 个月驱虫、健胃各一次，坚持到出栏。

③干饲料必须粉碎、浸泡、软化后再与青、精饲料搭配生喂；黄豆类或豆科茎叶及块状饲料以熟喂为好。

④也可先喂精料，后喂青绿饲料；或将青饲料打浆拌精饲料喂；或青贮后再拌料饲喂。要保持青饲料常年不断的供应。

⑤在冬季用生饲料喂猪时，最好用 30℃ 左右的温水拌料，料水比例为 4∶1，用甘薯、胡萝卜等饲料喂猪，需先经煮熟打浆后拌入米糠、薯叶等生干料后再喂，这样可以提高饲料的利用率。

172. 如何利用甘薯养猪？

甘薯又名红薯、番薯、地瓜等，既是一种高产的粮食作物，又是优质多汁的高能量饲料。每公顷产薯块 22.5～30 吨。甘薯干物质含量 25%～30%（主体是淀粉），还含有多种维生素和矿物质，含消化能 13.84 兆焦/千克。甘薯味甜多汁，粗纤维少，猪喜爱吃，并能提高肉质，产生洁白而硬实的脂肪，但甘薯中蛋白质和矿物质较少，每千克干品中精蛋白质含量 2.6%。如饲喂方法和用量不当，后期猪容易出现减食、拒食，生长缓慢甚至发生残废等现象。因此，必须科学利用甘薯喂猪。

（1）**搭配日粮** 适量添加配合饲料。一般体重 35 千克以下的小猪，每天喂甘薯（鲜品，下同）和青饲料各 1.5～2.5 千克，配合饲料 0.8 千克；35～60 千克的中猪，每头每天喂甘薯和青饲料各 3.5～4.5 千克，配合饲料 0.9～1.0 千克；60 千克以上的大猪，每头每天喂甘薯和青饲料各 5.0～7.5 千克，配合饲料 10～1.25 千克。也可按猪的体重计算喂量标准，即每 5 千克体重日喂配合饲料 0.1 千克，甘薯和青饲料各 0.35～0.4 千克。

（2）**饲喂方法** 一是先将青饲料与配合饲料混合，拌匀生喂，然后喂煮熟的甘薯；二是先将青饲料让猪自由采食，待吃净后，再将煮熟的甘薯与配合饲料混合调匀喂猪。要求先吃料，后饮水，让猪吃饱。

（3）**注意事项**

①不用生甘薯、烂甘薯喂猪，以免引起消化不良或中毒。

②仔猪、母猪和种公猪宜少喂甘薯。长期饲喂甘薯，一定要合理搭配蛋白质饲料和青饲料。

173. 什么是无公害猪肉生产？与有机猪肉生产有何不同？

无公害猪肉生产是指通过技术和管理等措施，对生猪生产中的饲养环境、饲料及饲料添加剂、动物保健品等生产资料和饲养管理、兽医防疫、无害化处理等生产全过程进行监控，防止生猪及其产品有害物质残留超标，使猪肉品质达到安全、优质、营养和生产场地环境保持良好。

而有机猪肉必须在空气、土壤、水质都没有被污染，并通过认证确认（由第三方认证机构进行认证，并有证书和标志）的环境下生长，食用天然饲料（饲料是否来源于有机种植业），饲料中不添加任何抗生素、生长激素及人工合成添加剂，同时要按照猪的自然生活习性进行养殖。有机猪肉比无公害猪肉、绿色猪肉要求更严、档次更高。

174. 不同季节养猪应注意什么？

（1）**春季防病** 春季气候温暖，青饲料幼嫩可口，是养猪的好季节。但春季空气湿度大，温暖潮湿的环境给病菌创造了大量繁殖的条件，加上早春气温忽高忽低，而猪刚刚越过冬季，体质欠佳，抵抗力较弱，容易感染疾病。因此，春季也是猪疾病多发季节，必须做好防病工作。

在冬末春初，对猪舍要进行一次清理消毒，搞好猪舍卫生，并保持猪舍通风透光，干燥舒适。寒潮来临时，要堵洞防风，避免猪受寒感冒。

春季要注意给猪注射猪瘟、猪气喘病、猪口蹄疫等各种疫苗，以预防各种传染病的发生。

（2）**夏季防暑** 夏季天气炎热，而猪汗腺不发达，尤其育肥猪皮下脂肪较厚，体内热量散发困难，使其耐热能力很差。到了盛夏，猪表现出焦躁不安，食量减少，生长缓慢，容易患病。因此，夏季要着重做好防暑降温工作。另外，还应保证供给足够凉水供猪饮用，并注意猪舍内驱蝇灭蚊，使猪能安静睡觉。

（3）**秋季育肥** 秋季气候适宜，饲料充足，品质好，是猪生长发育的好季节。因此，应充分利用这个好时机，做好饲料的储备和猪育肥催肥工作。

（4）**冬季防寒** 冬季寒冷，为维持体温恒定，猪体将消耗大量的能量。如果猪舍保暖好，就会减少不必要的能量消耗，有利于生长育肥猪的生长和肥育。因此，在寒冬到来之前，要认真修缮猪舍，防止冷风侵入，猪栏内勤清粪便，勤换垫草，保证猪舍内干燥、温暖。

175. 肉猪上市屠宰体重多少为宜?

为获得最佳的经济效益,肉猪适宜的上市屠宰体重,应根据猪的日增重速度、饲料报酬、屠宰率、胴体品质和生猪行情来确定。就日增重来看,一般都是前期较慢,中期较快,后期又变慢。就饲料报酬来看,猪越小越省饲料。据试验测定,育肥猪后期增重耗料量是前期的 2.25 倍。体重越大,虽然屠宰率越高,但肥肉也越多,瘦肉率就越低,从而料肉比也会增高。

综合上述各因素,商品瘦肉型猪以活重 90～110 千克屠宰为宜,其中大型猪如长白猪、大约克夏猪等为 100～110 千克,中型猪如中约克夏猪、巴克夏猪在 90 千克左右屠宰为宜;我国的一些小型早熟品种以活重 75 千克,晚熟品种以 85～95 千克屠宰为宜。过早屠宰,瘦肉率虽然要高一些,但屠宰率低,产肉量少,猪也正是生长快的时候,所以不经济。如果太晚屠宰,虽出肉率较高,但脂肪增多,瘦肉比例下降,与市场需求也不符。另外,此时每增重 1 千克所需要的饲料也增多,所以从经济上讲也不合算。

六、猪场规划与建设

176. 怎样选择猪场场址？

新建猪场场址的选择是一项很重要的工作，场址选择的好坏，将直接影响养猪生产水平和经济效益。因此，需要多方面考虑。

（1）**地势和位置** 场址最好选择在地势高燥、排水良好和背风向阳的地方。地势高有利于排出场内的雨水和污水，有利于保持圈舍干燥与环境卫生；背风可以避免或减少冬季西北风对猪群的侵袭；向阳即猪场要朝南或东南有斜坡，这样既有利于排水，又可以充分地利用太阳能采暖，减少能源消耗，降低饲养成本。地面一般以沙土壤为宜，低洼潮湿的地方不宜建场。

猪场的位置应选在距居民生活区、工作区、生产区、学校和公共场所较远（一般在 500 米以外）的地方，并在下风方向；远离医院、畜产品加工厂、垃圾及污水处理场 1 000 米以上；禁止在旅游区、自然保护区、水源保护区、畜禽疫病区和环境公害污染严重的地区建场。这样既有利于自身的安全，又可减少猪场污水、污物和有害气体对居民健康的危害。

（2）**水资源和水质** 猪场用水量较大，需要有充足的水源，水质应符合生活饮用水的卫生标准，取水方便，并确保未来若干年不受污染，最好用地下水或自来水。

（3）**交通运输** 猪场的物质运输量较大，对外联系密切，故应建在交通比较方便的地区，但由于猪场的防疫要求很严，又要防止对周围环境的污染，因此，猪场场址应选择在交通便利又比较僻静的地方，但必须避开交通主要干道。

（4）**能源供应** 现代化程序较高的规模化猪场，机电设备较为完善，需要有足够的电力，才能确保养猪生产正常运转。所以，猪场需

要建在靠近电源，供电有保障的地方。为预防停电，最好是配备发电机。

（5）**排污与环保** 猪场周围应有农田、果园、菜园等，并便于排污自流，以就地消耗大部分或全部粪水是最理想的。

专业户养猪场与工厂化养猪场基本相同，主要考虑地势要高燥，防疫条件要好，交通方便，水源充足，供电方便等条件，规模越大，这些条件要求就越严格。

177. 猪场总体布局有什么基本要求？

工厂化养猪场（大中型）在进行猪场规划和安排建筑物布局时，应将近期规划与长远规划结合起来，因地制宜，合理利用现有条件，在保证生产需要的前提下，尽量做到节约占地，并做好猪场粪便和污水处理。

根据上述原则，在总体布局上至少将猪场划分为生产区、管理区、生活区、病猪隔离区等几个功能区。

（1）**生产区** 该区是整个猪场的核心区，包括各种类别的猪舍、消毒室（更衣室、洗澡间、紫外线消毒通道）、消毒池、兽医化验室、饲料加工调制车间、饲料储存仓库、人工授精室、粪尿处理系统等。该区应放在猪场的适中位置，处于病猪隔离区的上风或偏风方向，地势稍高于病猪隔离区，而低于管理区。该区建筑物布局一般为：种猪舍应放在离隔离区出口较远的位置，并与其他猪舍分开。公猪舍应位于母猪舍上风方向、较偏僻的地方，两者应相距50米以上，交配场应设在母猪舍附近，但不宜靠公猪舍太近。育肥猪及断奶仔猪舍放在进出口附近。这样既便于生产，又减少了种猪感染疾病的机会。

饲料调制室和仓库应设在与各栋猪舍差不多远的适中位置，且便于取水。

各类猪舍应坐北朝南或稍偏东南而建，以保持充足的光照，达到冬暖夏凉，各类猪舍间应保持50米以上，各栋猪舍间应保持在15～20米的安全距离。

猪场生产区四周应设围墙，大门出入口设值班室、人员更衣消毒室、车辆消毒通道和装卸猪料台。猪场的道路应设净道和污道。人员、动物和物质运转应采取单一流向，进料和出料道严格分开，产区净道和污道分开，互不交叉，防止交叉污染和疫病传播。

为防疫和隔离噪声的需要，在猪场四周应设置隔离林，猪舍之间的道路两旁应植树种草，绿化环境。

（2）**管理区**　包括办公室、后勤保障用房、车库、接待室、会议室等，是猪场与外界接触的门户，应与生产区分开，自成一院，宜建在生产区进出口的外面、上风向处。

（3）**生活区**　包括职工宿舍、食堂、文化娱乐室、运动场等，应位于生产区的上风向。

（4）**病猪隔离区**　包括隔离舍、兽医室、病死猪无害化处理室和贮粪场等，一般应设在猪场的下风或偏风向位置。隔离舍和兽医室应距生产区 150 米以上，贮粪场应距生产区 50 米以上。

178. 猪舍的建筑形式有哪几种？

猪舍的建筑形式较多，可分为三类：开放式猪舍、大棚式猪舍和封闭式猪舍。

（1）**开放式猪舍**　建筑简单，节省材料，通风采光好，舍内有害气体易排出。但由于猪舍不封闭，猪舍内的气温随着自然界变化而变化，不能人为控制，尤其是北方冬季寒冷，会影响猪的繁殖与生长。另外，相对的占地面积较大。建筑形式如图 6-1 所示。

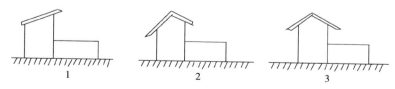

图 6-1　坡式猪舍示意图

1. 单坡式　2. 不等坡式　3. 等坡式

（2）**大棚式猪舍**　即用塑料薄膜扣成大棚式的猪舍。利用太阳辐射增高猪舍内温度。北方冬季养猪多采用这种形式。这是一种投资少，效果好的猪舍。根据建筑上塑料薄膜的层数，可分为单层塑料棚舍、双层塑料棚舍。根据猪舍排列，可分为单列塑料棚舍（图6-2）和双列塑料棚舍（图6-3）。另外还有半地下塑料棚舍、种养结合塑料棚舍等（图6-4）。

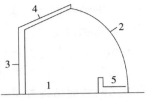

图6-2　单列塑料棚猪舍

1.猪栏　2.塑膜棚　3.后墙

4.棚盖　5.过道

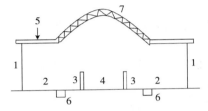

图6-3　双列塑料棚猪舍

1.侧墙　2.猪栏　3.饲槽　4.走道

5.棚底　6.粪尿沟　7.钢筋拱塑料膜

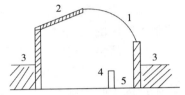

图6-4　半地下式塑料棚舍

1.塑料棚　2.猪舍后盖

3.地面　4.猪栏　5.过道

　　(3) 封闭式猪舍　通常有单列封闭式（图6-5）、双列封闭式（图6-6）和多列封闭式猪舍（图6-7）三种。

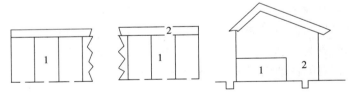

图6-5　单列封闭式猪舍（带走廊）

1.猪栏　2.过道

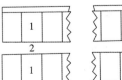

图6-6　双列封闭式猪舍

1.猪栏　2.过道

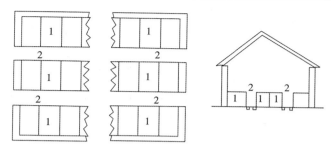

图 6-7 多列封闭式猪舍
1. 猪栏 2. 过道

①单列封闭式猪舍 猪栏排成一列，靠北墙可设或不设走道，构造较简单，采光、通风、防潮好，适用于冬季不是很冷的地区。

②双列式封闭猪舍 猪栏排成两列，中间设走道，管理方便，利用率高，保温较好，但采光、防潮不如单列式，适用于冬季寒冷的北方。

③多列封闭猪舍 猪栏排列成三列或四列，中间设 2～3 条走道，保温好，利用率高；但构造复杂，造价高，通风降温较困难，适应于条件较好的猪场。

179. 建筑猪舍有哪些基本要求？

猪舍建筑也是养好猪的重要条件，一栋理想的猪舍应具备以下要求：

一是冬暖夏凉；

二是通风透光，保持干燥卫生；

三是便于日常操作管理；

四是要有严格消毒措施和消毒设施装置。

180. 如何设计母猪舍？

母猪舍一般采用单列式，其屋顶可采用等坡式、不等坡式或单坡式。猪舍面向南略偏东，南边半敞开；圈舍前面设运动场，右边靠隔墙设一通道，便于母仔猪自由进入运动场；运动场前墙下设一饮水槽。此墙上留一窗户，夏季开窗通风，冬季封闭保温；北墙到猪栏后腰墙设一工作走廊，宽120厘米。猪舍内部：腰墙高70厘米，腰墙下设母猪饲槽和仔猪补料间（长150厘米，宽70厘米，用铁栏或砖墙与猪床隔开，并留有通道让仔猪自由出入，不让母猪入内），每间猪栏跨度为420厘米（包括工作走廊120厘米、母猪栏300厘米）、宽250厘米。水泥砂浆铺地面，地面向运动场方向有一定的倾斜度，以保持栏内干燥，一幢母猪舍设多少间猪栏，应根据需要而定（如图6-8）。一般空怀母猪和妊娠母猪前期应合群饲养，哺乳母猪和妊娠母猪后期应单圈饲养。

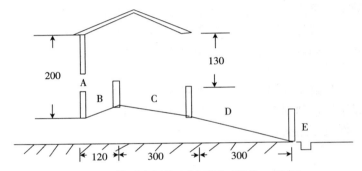

图6-8 单列式母猪舍剖面图（单位：厘米）
A. 后窗户 B. 走廊 C. 猪床 D. 运动场 E. 粪尿沟

181. 如何设计肉猪舍？

肉猪舍一般不设运动场，单列式或双列式猪栏均可，栏内设一饲槽，饮水可放入饲槽中，最好是安装乳头式或鸭嘴式自动饮水器。饲养密度为：体重60千克以上的，每头猪夏季占有面积为1平方米，冬季0.8平方米，每栏可养10～20头；仔猪每头占有面积为0.5平方米。

简易肉猪舍，屋顶为不等坡式，地面铺水泥，后墙高120厘米，前面大半敞开，腰墙高30厘米，冬天用草帘或专用塑料帘遮住保温；前面可砌砖柱屋顶，以放木梁。每间肉猪栏面积为250～400平方米，猪栏之间的腰墙高70厘米。

182. 家庭养猪规模多大为宜？

家庭养猪的规模，因各个家庭所处的地理环境位置、技术水平和经济条件、经营管理水平等的不同而有很大差别。就目前我国家庭养猪水平来看，家庭养猪规模开始不宜过大，应由小到大，由低级到高级逐步稳定地发展，可按一个劳动力每批育肥 30～40 头，一年育肥两批共出栏 60～80 头为宜。这种规模对猪舍、饲料、资金、技术等条件要求都不很严格，随着经营决策和技术水平的提高，资金的增加，再逐步扩大规模。开始切忌盲目投资、扩大规模、贪大求洋。

183. 家庭规模养猪的生产模式有哪些？

在家庭规模养猪中，单一养猪在经营有方的情况下，也能取得较好的经济效益。但由于养猪的饲料是一次性利用，损失和浪费较大。如果采用综合饲养，就可使饲料一次性利用为多层次增值利用，经济效益会更好。

常见的生产模式有以下几种：

（1）猪-鱼综合饲养　用饲料养猪，猪粪喂鱼，可节省鱼的饵料成本，提高鱼的产量，起到互补作用，从而发挥综合效益。

（2）鸡-猪-鱼综合饲养　用饲料喂鸡，鸡粪经处理后作部分猪饲料，猪粪作鱼的饵料，在鱼塘里养水浮萍等用来喂猪，鱼塘泥又可作种植业的肥料，这样形成鸡-猪-鱼-粮-草的良性生态循环。

（3）养猪-加工结合模式　利用酒厂、糖厂、面粉厂、酱油厂、豆腐坊等加工副产品，如酒糟、糖糟、麸皮、酱精、豆渣等作饲料喂猪，可节省一部分养猪精饲料，养猪加工双增收。

（4）猪-果结合模式　在果林空隙处栽种各种饲料作物，用于喂猪，用猪粪给果树施肥，既可减少肥料开支，又可降低养猪饲料成本，从而达到猪、果双丰收。

184. 什么叫工厂化养猪？有什么特点？

工厂化养猪是用工业生产方式进行养猪生产，也称现代化养猪。它是畜牧业现代化的重要组成部分，也是我国养猪业发展的必然趋势。

工厂化养猪从总体上说，有以下几个特点：一是养猪规模大；二是选用体型外貌一致、生长发育均衡的杂交组合或配套系等；三是因地制宜地选用一些机械化、自动化设备，如自动引水器，自动饲槽，漏缝地板，自动清粪，饲料粉碎、搅拌、分装、分撒自动化等；四是工作人员少，占用土地面积少，劳动生产效率高；五是采用科学的经营管理方法组织生产，使生产条件、工艺流程等按照标准和有规律地运转，使生产保质保量地平稳地进行。其他包括采用母猪限位饲养、断奶仔猪网上饲养的方法，使用全价配合饲料，实行严密的现代化卫生防疫措施及全进全出的流水式生产工艺等。

工厂化养猪必备的条件是标准化猪群、标准化饲养、标准化环境、卫生防疫现代化、机械设备现代化、生产工艺现代化等。

185. 网上养猪有什么好处？

网上养猪，是国外20世纪70年代推出的一种能显著减少仔猪白痢，大幅度提高仔猪成活率和促进生长的仔猪培育技术。20世纪80年代末期，我国北方等地区开始采用此项技术，收到显著的效果，仔猪的成活率提高20%以上，仔猪断奶体重提高40%。目前，该项技术工艺更趋完善。现工艺分两个阶段，即哺乳仔猪阶段和断奶仔猪阶段。设备也相应分为哺乳仔猪网床和育成猪网床两种。该网床可连续使用10年以上，一般2年左右即可收回投资。

186. 什么是生态养猪？

生态养猪就是利用生态学原理指导养猪生产，或将生态学、生物学、经济学原理应用于养猪生产。具体讲，生态养猪就是根据生态系统物质循环与能量流动基本原理，将猪作为农业生态系统必要组成元素，应用农业生态工程方法，自然有机地组织生猪生产系统，实现生猪生产系统综合效益最优及养猪业的可持续发展。

生态养猪强调猪仅是具体某个农业生态系统或农业生产系统的重要组成元素之一。猪作为农业生态系统中家养动物群落的一个动物，不能脱离其生存发展的环境。与养猪相关的饲料、品种、圈舍、饲养方式、市场等多种环节，构成以猪为核心的一个不可分割的系统，这就是生态养猪的生产系统。

生态养猪业要求与环境相互依存，形成良好环境，不仅使生猪生产系统自身是一个良性循环系统，而且能与农业生产系统形成相互依存的关系，使养猪业与农业资源、环境协调统一，走人类养猪可持续发展的道路。生态养猪业既要考虑满足当代人类对猪产品数量、质量的基本需求，又不损害子孙后代养猪生产的基本生态条件。

187. 发展生态养猪有什么意义？

我国是一个农业大国，人均资源占有量较少。我国又是一个养猪大国，养猪业在畜牧业中占有重要的地位，我国人民非常喜欢吃猪肉，猪肉人均消费还有很大的潜力。因此，生态养猪对养猪业以及农业生产均具有重要意义。

生态养猪不仅能降低养猪生产成本，而且能生产出有利于人体健康的绿色食品。生态养猪业的基本指导思想是充分利用猪的生物学特性，尽量多用或全部使用各种自然生态环境和各种自然资源，减少或不用人工化学合成物质及人工能源，从而大大提高了自然资源的利用率，使养猪业的综合成本降低到最低点。生态养猪的核心内容就是以处理猪场环境公害问题为基础构建，以猪为主要动物种群为生产系统，将猪场粪尿污染污物作为其他生物群落或其他农业生产的宝贵资源，实现养猪无污染，从而十分有效地保护了农业生态环境。在没有污染的环境中养猪，尽可能多的利用天然物质、自然饲料资源，少用人工合成的化学物质添加剂、药物及其他抗生素等，也不会造成新的

环境污染，就能生产出符合要求的绿色猪肉产品。如自然养猪法和养猪、沼气、种植三结合的生态养猪法，深受人们欢迎。

188. 怎样用塑料棚舍养猪？

由于冬季舍内温度低，猪体生长慢，耗用饲料多，影响出栏率和经济效益。因此，在冬季可用塑料薄膜覆盖猪舍的开敞面，以提高猪舍内温度。不同类型品种猪要求的理想温度不同，商品瘦肉型猪的适宜温度为14～23℃，以16～18℃为最佳。

塑料薄膜是覆盖圈外的露天部分，可以根据屋檐和圈墙情况，直接或在本框架上覆盖塑料薄膜，单层或双层均可。

189. 应用塑料棚舍养猪需注意哪些问题？

（1）塑料棚舍养猪由于饲养密度较大，相对湿度很高，空气中氨气浓度也大，这样会影响猪的生长发育。因此，要设置排气孔，或适时揭盖通风换气，以降低舍内湿度，排出污浊气体。一般舍内相对湿度保持在60％～70％为宜。

（2）为了保持棚舍内温度，冬季在夜晚于塑料棚的上面再盖上一层防寒草帘子，以减少棚舍内温度的散失，夏季可除去塑料膜，但必须设有遮阴物，做到冬暖夏凉。

（3）塑料棚的造型要合理，采光面积要大，冬季阳光能直射入舍内，达到北墙底。

（4）塑料棚舍应建在背风、高燥、向阳处，一般方位为坐北朝南，并偏西5°～10°。这样在11～12月份，使每天棚舍接受阳光照射的时间最长，获取的太阳能最多，对棚舍增温效果好。

190. 什么是种养结合塑料棚舍养猪技术？

种养结合塑料棚舍养猪，是近年推出的一项养猪新技术。这种猪舍既养猪又搞种植（种菜）。建筑方式同单列式塑料棚舍，一般在一列棚舍内有一半养猪，一半种菜，中间设隔离墙。隔离墙上留有小洞口，不封闭，这样可使猪舍内的污浊空气流动到种菜室，种菜室的新鲜空气可以流动到猪舍。在蔬菜需要打药时，再把洞口封闭严密，以防猪中毒。有条件的可在猪床位置下面修建沼气池，利用猪粪尿生产沼气，供照明、煮饲料、取暖等用，沼气渣、沼气液还可用作种菜、种作物的肥料。该技术适用于广大农村养猪户（图6-9）。

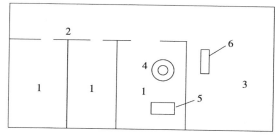

图6-9 种养结合养猪塑料棚舍平面图

1.猪栏 2.过道 3.棚菜地

4.沼气出口 5.沼气料入口 6.沼气池出料口

191. 商品猪场应抓哪几项工作？

（1）**生产水平** 如有50头母猪的商品猪场，1年产仔猪600头，每批300头，即每头母猪年产2窝，每窝成活10头仔猪。

（2）**仔猪成活率** 加强饲养管理，仔猪断奶前成活率在90%以上，即每批死亡小于30头，成活大于270头。

（3）**蛋白质水平及饲喂量** 根据猪的各阶段营养需要来确定蛋白质水平及喂料量，这样，既能保证猪的增重，又节省饲料。

（4）**料源** 根据猪的饲养头数及饲料的需求量，备好足够的饲料。

（5）**防疫及治疗** 春秋两季注射三联疫苗（猪瘟、猪丹毒、猪肺疫），每批出栏后要彻底消毒。平时要加强饲养管理，搞好猪舍卫生，勤观察，做到早发现疾病早治疗，减少损失。

（6）**掌握信息** 准确及时掌握市场信息，并按信息规律办事。

192. 商品猪场猪舍内部必须装配哪些设备？

商品猪场或工厂化养猪场的主要饲养设备有猪栏、饲喂、饮水、通风、清粪、防疫、消毒、卫生等设备。因我国目前条件限制，在配置设备时要从实际出发，既要学习国内外先进经验，又要注意投资少、效益高、成本低；既要注意设备的标准化、系列化和成套化，尤其要注意设备的质量，又不能盲目购置；既要利用机械设备的先进手段，提高劳动生产率，又要发挥人的作用（充分利用农村廉价、剩余劳动力），凡是人工可替代的工作，都可由人工进行。

193. 建造猪舍时对其地面有什么要求？

猪舍地面既是猪躺卧的床，又是猪的活动场地，对猪舍卫生、保暖和提高生产力具有重要的作用。因此，要求地面不仅要平整、牢固，易于消毒、清扫和保暖，而且造价要低。一般多用混凝土构成，为防止散热，可在其地表下层用孔隙较大的炉灰渣、膨胀珍珠岩、空气砖等材料建造一个空气层；为防止潮湿，可在空气层下用油毛毡等防潮材料铺设一个防潮层；为便于排水，猪舍地面应有 3%～4%的倾斜度。

七、猪病防治

194. 什么叫传染病？传染病发生和发展的条件有哪些？

凡是由病原微生物引起，具有一定的潜伏期和临床表现，并具有传染性的疾病统称为传染病。

传染病的发生和发展必须具备以下三个条件：

（1）具有一定数量和足够毒力的病原微生物。

（2）具有对该传染病有感受性的家畜（易感家畜）。

（3）具有可促使病原微生物侵入易感家畜体内的外界条件。

上述三个条件是家畜传染病发生的必备条件，如果缺少其中任何一个条件，就不可能发生传染病的发生和流行。

195. 当前猪病有什么特点？

（1）**新的疫病不断增多，病原体变异情况增多**　据统计，我国近20年来新出现了30多种传染病，其中猪病就有七种，如猪繁殖与呼吸综合征、猪圆环病毒Ⅱ型感染、猪增生性肠炎等。

（2）**猪群的发病方式由原来的单一感染为主转向混合感染或继发感染为主**　我国流行的猪病呈现出病原多元化的特点，既有病毒与病毒的混合感染、细菌与细菌的混合感染，也有病毒与细菌的混合感染，甚至有病原（病毒或细菌）与寄生虫或与非传染性疾病混合感染、共同发病的现象。

（3）**临床病症的复杂化及非典型化**　猪病流行呈现出病原多元化，既有病毒与病毒的混合感染、细菌与细菌的混合感染，也有病毒与细菌的混合感染，甚至有病原（病毒或细菌）与寄生虫或与非传染

性疾病混合感染、共同发病的现象。

（4）**免疫抑制性疾病的威胁逐渐加剧**　由于猪体存在猪繁殖与呼吸障碍综合征病毒、猪圆环病Ⅱ型病毒、猪伪狂犬病毒、猪瘟病毒、猪流感病毒感染等免疫抑制性疾病，易引起传染性胸膜肺炎、猪肺疫、猪支原体肺炎、猪萎缩性鼻炎、仔猪副伤寒、猪大肠杆菌病、猪链球菌病等继发感染。

（5）**猪呼吸道传染病日益突出**　以猪肺炎支原体、猪繁殖与呼吸综合征病毒、猪圆环病毒Ⅱ型病毒、猪传染性胸膜肺炎放线杆菌、猪流感病毒、猪瘟病毒、猪伪狂犬病病毒、猪支气管败血波氏杆菌等引起猪的呼吸道疾病综合征日益突出。

（6）**繁殖障碍疾病仍然突出**　由猪繁殖与呼吸综合征、猪圆环病毒Ⅱ型感染、猪伪狂犬病、猪细小病毒病、日本乙型脑炎、猪弓形虫病和猪附红细胞体病造成的繁殖障碍较为普遍和严重。

（7）**高热征候群十分常见**　由多种病原以混合感染和继发感染等方式感染猪群，导致的高热征候群仍然普遍，危害严重。

（8）**肾病发生逐渐增多**　除了猪圆环病毒Ⅱ型感染诱发猪皮炎与肾病综合征之外，另外细小病毒病、猪肺疫、猪传染性胸膜肺炎、猪链球菌病等发生后也可引发该病。

（9）**消化道疾病非常广泛**　无论是现代规模养殖场，还是中、小规模的养殖专业户或散养户，猪的消化道疾病均有发生，占疾病的35%～45%，大多都是饲养管理不当造成。

（10）**耐药性严重**　由于抗生素的乱用、滥用，造成病原菌的耐药性逐渐增强。

196. 什么叫免疫抑制性传染病？主要有哪些？

免疫抑制性传染病会造成猪体免疫抑制反应，而导致猪体发病。免疫抑制反应是指由于机体免疫系统发育不全或受到损伤，导致机体免疫应答能力下降，出现暂时性或永久性免疫机能障碍，即机体对抗原物质刺激的反应减退或消失，从而陷入免疫抑制状态。由于猪群处于免疫抑制状态，直接导致的危害就是疫苗免疫失败，同时可导致猪群抗病力明显下降，对疾病的敏感性增强，各种传染病混合感染严重。

许多病原微生物均可诱导机体产生明显的免疫抑制。常见的免疫抑制性传染病主要有：猪繁殖-呼吸综合征病毒（猪蓝耳病）、猪圆环病毒Ⅱ型（猪圆环病毒病）、猪瘟病毒（猪瘟病）、猪肺炎支原体（猪喘气病）、猪伪狂犬病毒（伪狂犬病）、猪口蹄疫病毒（猪口蹄疫）、猪附红细胞体（猪附红细胞体病）和猪副嗜血杆菌（猪副嗜血杆菌病）等。

197. 养猪为什么要进行防疫？防疫的内容有哪些？

猪病，特别是传染病，是养猪生产的大敌。养猪一般都比较密集，一旦发生传染病，会波及大批猪群甚至全场猪群，引起大批猪死亡。即使不死，也生产缓慢，甚至形成僵猪。另外，猪场在采取检疫、隔离、封锁、消毒等补救措施时，也得动用大量的人力、物力、财力等，将会造成巨大的经济损失。何况很多传染病发生以后，是无药可治的。所以，抓好预防工作，在防疫上投点资，将会换取更大的经济效益。

传染病的发生必须具备传染源、传染途径和易感猪群三个环节，缺一不可。在防疫中，切断任何一个环节，传染即告终止。因此，在猪群防疫中要控制传染源，切断传染途径，净化易感猪群。

（1）针对传染源　将发病或携带病原微生物的猪只及时隔离开并单独饲养，将疫病严格控制在一个较小的范围内，严禁将发病的猪、被污染的饲料及粪尿污物传播出去，对病猪或捕杀、或淘汰、或治愈，对病死猪要深埋或销毁，以消灭传染源，这是预防传染病最基本的方法。

（2）针对传播途径　对疫区进行封锁，将一切用具、饲料等严格分开，对病猪污染过的地方进行严格消毒，如圈舍、垫草、用具及饲养员的衣物等，以切断一切传播途径，这是预防传染病的最好办法。

（3）针对易感动物　给动物进行免疫接种使其产生坚强的免疫力，将易感动物变成非易感动物是预防传染病发生最根本的保证。

198. 猪场必须制定哪些卫生防疫制度？

猪场必须建立兽医卫生防疫制度和承包责任制度，由主管兽医负责监督执行，制定猪舍疫情报告制度以及检疫消毒、预防接种、驱除内外寄生虫制度，提倡科学管理和全价配合饲料饲养，坚持自繁自养的原则。

199. 猪场的防疫灭病措施有哪些？

（1）猪场四周要有围墙，猪场要有门，猪场生产区和猪舍门口要设消毒池，池内配制2％火碱水或20％石灰乳等，消毒液要及时更换，经常保持有效浓度，严禁一切外来动物进入场内，严禁把从外面买来的猪肉及其制品带入饲养区，闲杂人员和买猪者不准进入猪场，应尽量减少参观者。

（2）猪舍应保持通风良好，光线充足，室内干燥；猪舍内外每天清扫一次，所用饲养用具应定期清洗消毒，经常保持清洁，饲槽每天必须清洗、消毒一次。

（3）根据猪的生长发育和生产需要，供给所需的全价配合饲料，经常注意检查饲料品质，禁止饲喂不清洁、发霉、变质的饲料，饲料加工厂也应具有防疫消毒措施。工作人员出入必须彻底消毒、更衣、换鞋。

（4）猪粪要堆积发酵或用蓄粪池发酵，利用生物热消灭粪便中的病原体、微生物，以提高肥效。

（5）每年进行3～4次猪体内、外寄生虫的驱虫工作。

（6）猪舍和用具每年至少于春、秋进行两次彻底清扫、消毒，每月进行一次一般消毒。消毒药液常用2％的火碱水或0.5％过氧乙酸，饲养用具用热碱水消毒，然后再用清水洗涤、晒干后使用。育肥猪舍采取"全进全出"的消毒方法，分娩后采取"全进全出"式消毒；每批猪出栏后彻底大消毒，空圈1周后方可进猪。不能实行"全进全出"的猪舍要进行定期消毒。

（7）兽医人员和饲养人员在工作期间必须穿工作服和工作鞋，工作结束，即将工作服和工作鞋留在更衣室内，严禁带出场外。工作服、工作鞋要经常消毒，保持清洁。

（8）为确保猪场安全，防止疫病传入，在引进种猪时，必须由非疫区购入，经当地兽医部门检疫，并签发检疫证明书，再经本场兽医验证、检疫，隔离观察1个月以上，经检查认为健康猪，再全身喷雾消毒，方可入舍混群。

200. 新购仔猪如何进行防疫？

（1）购猪时要先调查仔猪产地、生猪疫病发生的流行情况，只能从无疫病流行的地区采购仔猪，并同时索要仔猪产地兽医部门的检疫证明。

（2）新购进的仔猪要隔离饲养15天时间，才能与原有的生猪混群饲养。新购进的第1天不喂食，只供自配含白糖5%～8%，食盐0.3%，新霉素0.01%的饮水，让其自由饮用，以防止发生应激反应；第2～4天喂给流食；第5天开始喂给常规饲料。

（3）仔猪经一周适应后，即可实施预防接种。在购进后的第8天进行猪瘟疫苗注射，同时注射猪丹毒、猪肺疫、猪链球菌病等菌苗，也可注射三联苗，在注射的前后均用酒精棉球消毒局部，一猪需更换一个针头，用过的针头未经煮沸消毒不许再用。疫苗稀释液最好用生理盐水，稀释后必须在4小时内用完，未用完的应废弃不用。

（4）在新购进仔猪实施免疫引种后的第3天，选用高效、低毒、安全的驱虫药物，如左旋咪唑、丙硫咪唑进行驱虫。方法是将药品研碎拌在少量精料中给仔猪喂服，按仔猪每千克体重口服左旋咪唑片10毫克，或丙硫咪唑片3～5毫克，每天一次，连服2天。

201. 猪场（猪群）发生传染病怎么办？

（1）当猪场（猪群）发生传染病或疑似传染病时，必须及时隔离，尽快确诊，并逐级上报，病因不明或剖检不能确诊时，应将病料

送交有关部门检验诊断。

（2）确诊为传染病时，应尽快采取紧急措施，根据传染病的种类，划定疫区进行封锁。对全场猪进行仔细的检查，病猪及可疑病猪应立即分别隔离观察和治疗，尽可能缩小病猪的活动范围，同时全场进行紧急消毒，对尚未发病的猪及其他受威胁的猪群，要紧急预防接种或进行药物预防，并加强观察，注意疫情发展动态。

（3）被传染病污染的场地、用具、工作服和其他污染物等，必须彻底消毒，粪便及垫草应予烧毁。消毒时应先将圈舍中的粪尿污物清扫干净，铲去地面表层土壤（水泥地面的应清洗干净），再用消毒药液彻底消毒。

（4）屠宰病猪应在指定地点进行，屠宰后的场地、用具及污染物，必须进行严格消毒和彻底清除。病猪的尸体不能随便乱抛，更不能宰食，必须烧毁、深埋或化制后作工业原料等。运输病猪尸体的车辆、设备、用具和接触过病猪的人员及工作服、用具等必须严密消毒。

202. 如何采集和保存病料？

（1）**病料的采集**　当怀疑猪群发生传染病时，除根据临床表现和病理剖检进行确诊外，有些传染病还需及时采取病料送兽医检疫防疫部门进行实验室检验。

所采病料应力求新鲜，最好在病猪临死前或死后2小时内采取；采取病料应尽量减少杂菌污染，事先对器械进行严格消毒，做到无菌采集；对危害人体健康的病猪，须注意个人防护并避免散毒。难以估计何种传染病时，可采取全身各器官组织或有病变的组织；专嗜性传染病或某种器官为主的传染病，应采取相应的组织；对流产的胎儿或仔猪可整个包装送检；对疑似炭疽的病猪严禁解剖，但可采取耳尖血涂片送检，采集血清应注意防止溶血，每头猪采全血10～20毫升，静置后分离血清。

（2）**病料的保存**　采集的新鲜病料应快速送检，保存方法有三种：一是细菌检验材料。将采取的组织块，保存于30%甘油缓冲液中，容器加塞封固；二是病毒检验材料。将采取的组织块保存于50％甘油生理盐水中，容器加塞封固；三是血清学检验材料。组织块可用硼酸处理或食盐处理，血清等材料可在每毫升中加入3％石炭酸溶液一滴。

203. 猪场应常备哪些药物？

（1）抗菌药物 用于治疗细菌感染引起的疾病，也用于病毒引起的疾病，可减少并发病的发生。抗菌药物种类很多，同类药物常可互相代用，猪场每类只准备一两种即可。

①四环素类 包括四环素、金霉素与土霉素。

②氨基糖苷类 包括链霉素、双氢链霉素、新霉素、卡那霉素、庆大霉素与丁胺卡那霉素。

③青霉素类 包括青霉素G钾、青霉素G钠和氨苄青霉素。

④大环内酯类 包括红霉素、螺旋霉素、泰乐菌素等。

⑤磺胺类 包括磺胺嘧啶、磺胺甲基嘧啶、磺胺二甲基嘧啶、复方新诺明等。

⑥喹喏酮类 包括诺氟沙星（氟哌酸）、环丙沙星、恩诺沙星、氧氟沙星等。

（2）驱虫药物

①丙硫咪唑、左旋咪唑 可驱除线虫与某些吸虫、绦虫。

②敌百虫 可驱除线虫与体外寄生虫，并能驱除姜片吸虫与鞭虫等。

③伊维菌素、阿维菌素 一次可驱除多种体内外寄生虫。

④敌杀死、杀虫脒 猪舍喷雾可杀蚊蝇，也可杀猪体虱、螨等。

（3）其他药物 口服补液盐、解热药、强心药等与体外用消炎药（如酒精、碘酊、龙胆紫等）。

204. 什么是兽用生物制品？有哪些种类？

兽用生物制品是指用于预防、治疗、诊断畜禽等动物特定传染病

或其他有关的疾病的菌苗、疫苗、虫苗、类毒素、诊断制剂和抗血清等制品。

按照其用途分为预防用生物制品、治疗用生物制品和诊断用生物制品三大类。

（1）**预防用生物制品**　包括疫苗、菌苗、虫苗和类毒素，通常将菌苗、疫苗、虫苗通称为疫苗。

①疫苗　是利用病毒经除去或减弱它对动物的致病作用而制成的。疫苗可分为两类：一类是活毒或弱毒疫苗。制成这种疫苗的病毒毒力必须是减弱了的，没有致病能力，也不会使动物发生严重反应。如猪瘟兔化弱毒冻干疫苗、鸡新城疫活疫苗等。另一类是死毒疫苗或灭活疫苗。制成这种疫苗的病毒已被化学药品或其他方法杀死或灭活。如猪口蹄疫 O 型灭活油佐剂疫苗、猪蓝耳病灭活疫苗等。

②菌苗　是利用病原细菌经除去或减弱它对动物的致病作用而制成的。菌苗可分为两类：一类是毒力减弱的细菌制成的活菌苗，如Ⅱ号炭疽芽孢苗、布鲁氏菌Ⅱ号活菌苗等；另一类是用化学方法或其他方法杀死细菌制成的死菌苗，如猪丹毒灭活疫苗、副猪嗜血杆菌病灭活疫苗等。

③虫苗　是利用病原虫体除去或减弱它对动物的致病作用而制成的。

④类毒素　某些病原细菌，在生长繁殖过程中产生对动物有害的毒素，用甲醛等处理后除去它的有害作用，使动物注射后产生抵抗该细菌的能力，这类处理过的毒素，叫类毒素，如破伤风类毒素。

（2）**治疗用生物制品**　包括抗血清和抗毒素。

①抗血清　动物经反复多次注射某种病原微生物时，会产生对该病原微生物的高度抵抗能力。采取这种动物的血液提出血清，经过处理即可制成抗血清。主要用于治疗传染病，也可用于紧急预防，如抗猪瘟血清、抗炭疽血清等。

②抗毒素　动物经反复多次注射细菌类毒素或毒素所得到的免疫血清经过处理即可制成抗毒素。主要用于治疗或用于紧急预防传染病，如破伤风抗毒素。

（3）**诊断用生物制品**　指利用病原微生物本身或在生长繁殖过程

中的产物，或利用某些动物机体中自然具有的或经病原微生物及其他蛋白物质刺激而产生的一些物质制造出来的，用于检测相应抗原、抗体或机体免疫状态的一类制品，包括菌素、毒素、诊断血清、分群血清、分型血清、因子血清、诊断菌液、抗原、抗原或抗体致敏血清、免疫扩散板等，如用于诊断结核病的结核菌素、马传染性贫血琼脂扩散试验抗原、炭疽沉淀素血清等。

205. 食品动物禁用的兽药及其他化合物有哪些？

2002年4月9日农业部发布了食品动物禁用的兽药及其他化合物清单，其中29种禁止用于所有食品动物，8种禁止作为促生长用途使用，清单中的兽药均是欧盟等发达国家禁用的品种（表7-1）。

表 7-1　食品动物禁用的兽药及其他化合物清单

序号	兽药及其他化合物名称	禁止用途	禁用动物
1	β-兴奋剂类：克仑特罗、沙丁胺醇、西马特罗及其盐、脂及制剂	所有用途	所有食品动物
2	性激素类：乙烯雌酚及其盐、脂及制剂	所有用途	所有食品动物
3	具有雌激素样作用的物质：玉米赤霉醇、去甲雄三烯醇酮、醋酸甲孕酮及制剂	所有用途	所有食品动物
4	氯霉素及其盐、酯（包括琥珀派氯霉素）及制剂、氨苯砜及制剂	所有用途	所有食品动物
5	氨苯砜及制剂	所有用途	所有食品动物
6	硝基呋喃类：呋喃唑酮、呋喃它酮、呋喃苯烯酸钠及制剂	所有用途	水生食品动物
7	硝基化合物：硝基酚钠、硝呋烯胺及制剂	所有用途	水生食品动物
8	催眠、镇静类：安眠酮及制剂	所有用途	水生食品动物
9	林丹（丙体六六六）	杀虫剂	水生食品动物
10	毒杀芬（氯化烯）	杀虫剂、清塘剂	水生食品动物
11	呋喃丹（克百威）	杀虫剂	水生食品动物
12	杀虫脒（克死螨）	杀虫剂	水生食品动物

（续）

序号	兽药及其他化合物名称	禁止用途	禁用动物
13	双甲脒	杀虫剂	水生食品动物
14	酒石酸锑钾	杀虫剂	水生食品动物
15	锥虫胂胺	杀虫剂	水生食品动物
16	孔雀石绿	抗菌、杀虫剂	水生食品动物
17	五氯酚酸钠	杀螺剂	水生食品动物
18	各种汞制剂：包括氯化亚汞（甘汞）、硝酸亚汞、醋酸汞、吡啶基醋酸汞	杀虫剂	动物
19	性激素类：甲基睾丸酮、丙酸睾丸酮、苯丙酸诺龙、苯甲酸雌二醇及其盐、酯及制剂	促生长	所有食品动物
20	催眠、镇静类：氯丙嗪、地西泮（安定）及其盐、酯及制剂	促生长	所有食品动物
21	硝基咪唑、地美硝唑及其盐、酯及制剂	促生长	所有食品动物

206. 猪场常用的消毒方法有哪几种？

（1）**生物学消毒法** 即将被病猪污染过或没有污染过的粪便、垫草、污物等堆积在一起进行发酵处理，利用粪便污物中微生物生命活动所产生的热量，在几天或两个月内将非芽孢、病毒、寄生虫卵等杀死，以起到消毒作用。

（2）**物理学消毒法** 即利用阳光、紫外线、干燥、高温（包括煮沸、火烧等）杀灭病原体。阳光是天然消毒剂，其光谱中含有紫外线，有较强的杀菌灭毒能力。另外，阳光的灼热可造成水分蒸发、干燥，亦有杀灭病菌的作用。一般的病毒和不产生芽孢的细菌，在阳光照射下几分钟至数小时内就可被杀死。焚烧多用于抵抗力顽强的病原体及其引起的传染病尸体和垫草污物等的消毒；煮沸和蒸汽多用于一般病原体的消毒。

（3）**化学消毒法** 即利用化学药物的作用杀死细菌和病毒，以达到消毒目的。

207. 养猪常用的消毒药物有哪些？怎样使用？

（1）**酒精** 常用75％酒精消毒猪体表皮肤，在治疗、预防注射时，多采用酒精棉消毒。

（2）**碘酊** 常用5％碘酊作为皮肤消毒剂。阉割仔猪时可作为刀口的消毒剂，以防止创口感染。

（3）**煤酚皂（来苏儿）溶液** 一般用3％～5％来苏儿溶液消毒非芽孢污染的猪圈、饲槽、用具、场地和处理污染物等；1％～2％的溶液可用于手及手背的消毒。

（4）**氢氧化钠（苛性钠）** 通常应用2％的热溶液喷洒消毒被病毒、细菌污染的猪舍、场地、车辆、用具、排泄物等。

（5）**草木灰** 常用30％新鲜干燥草木灰热溶液，喷洒消毒或洗涮被病毒污染的猪舍、场地、车辆、用具、排泄物等。

（6）**生石灰** 常用10％～20％的乳剂，涂刷猪舍墙壁、用具，泼洒地面等，用于菌类的消毒。

（7）**漂白粉** 常用5％～20％混悬液对细菌、病毒污染的猪舍、场地、车辆、用具等喷洒消毒；20％混悬液可用于芽孢消毒（应消毒5次，每次间隔1小时）。

（8）**过氧乙酸** 常用0.2％～0.5％溶液喷洒或熏蒸消毒猪舍、墙壁、地面、用具、饲槽等。

（9）**高锰酸钾** 常配成0.1％～0.2％溶液用于黏膜、创面或饮水消毒。用0.1％～0.2％给猪饮水，可预防某些传染病，与福尔马林加在一起，可做甲醛气熏蒸消毒用。

（10）**福尔马林（甲醛溶液）** 常配成1％～5％溶液喷淋消毒，并可在密闭房舍内用其蒸汽熏蒸消毒10～24小时，每立方米用本品20～80毫升，加10～40克高锰酸钾，对细菌芽孢、霉菌、病毒和一些寄生虫卵及幼虫均有杀灭作用。

208. 预防猪病常用疫（菌）苗有哪些？如何使用？

（1）**猪瘟兔化弱毒疫苗** 常用的为冻干苗，按标签头份用生理盐水稀释，无论大小猪，一律肌内注射 1 毫升（1 头份），注射后 4 天产生免疫力，2 月龄以上的猪免疫期为 1 年。稀释的疫苗必须当日用完，隔日不可再用（运输疫苗时必须用保温瓶或保温箱）。

（2）**猪丹毒氢氧化铝甲醛菌苗**　凡体重 10 千克以上断奶后的仔猪，一律皮下注射 5 毫升，注射后 21 天即可产生免疫力，免疫期 6 个月，用时先摇匀再抽取。

（3）**猪丹毒弱毒冻干菌苗**　按瓶签标注剂量用生理盐水稀释，大小猪一律皮下注射 1 毫升，注射后 7 天可产生免疫力，免疫期 9 个月。

（4）**猪肺疫氢氧化铝菌苗**　大小猪一律皮下注射 5 毫升，注射后 14 天产生免疫力，免疫期 9 个月。

（5）**猪肺疫弱毒菌苗**　按瓶签说明用冷开水稀释后，按每头猪 5 亿菌量，均匀拌入半量的饲料中，让猪自由采食，服后 21 天产生免疫力，免疫期 3 个月，疫苗稀释后应在 4 小时内用完。

（6）**猪瘟-猪丹毒-猪肺疫三联冻干疫苗**　按瓶签头份用氢氧化铝生理盐水稀释，每头猪一律肌内注射 1 毫升，猪瘟免疫期 1 年，猪丹毒和猪肺疫期 6 个月。疫苗稀释后，应在 4 小时内用完。

（7）**仔猪副伤寒弱毒冻干菌苗**　按瓶签说明头份用氢氧化铝溶液稀释，对 30～40 日龄的仔猪肌内注射 1 毫升，稀释的菌苗必须当日用完。口服时用冷水稀释，按每头份 5～10 毫升，拌入少量的饲料中喂给。

（8）**仔猪红痢菌苗**　在母猪分娩前 1 个月和半个月，分别进行肌内注射 10 毫升，可预防仔猪红痢。

（9）**口蹄疫灭活疫苗**　每头猪皮下注射 5 毫升，注射后 14 天产生免疫力，免疫期 3 个月。

（10）**猪水肿病油佐剂灭活疫苗**　在仔猪出生后 15 天，颈部皮下肌内注射 1 头份，免疫期 6 个月。

（11）**猪细小病毒疫苗**　种公猪、种母猪，每年用细小病毒疫苗免疫接种一次；后备母猪配种前 4～5 周免疫一次，2～3 周后再加强免疫一次，免疫期可达 7～12 个月。

（12）**猪气喘病弱毒疫苗**　成年猪每年用猪气喘病弱毒疫苗免疫

接种一次（胸腔注射）；妊娠母猪，怀孕 2 个月后免疫接种一次；后备母猪于配种前再免疫接种一次，免疫期在 8 个月以上。

（13）**猪乙型脑炎弱毒疫苗** 种猪、后备母猪在蚊蝇季节到来前（4～5 月份），用乙型脑炎弱毒疫苗免疫接种一次，第 2 年再加强免疫一次，免疫期可达 3 年。

（14）**猪伪狂犬病灭活疫苗** 妊娠母猪于产前 30 天肌内注射猪伪狂犬病灭活疫苗 1 头份，可使仔猪后代在生后 2 周内获得较强的免疫力；育肥猪，每年接种一次；仔猪于生后 7～10 日龄首次注射半头份，断奶后注射 1 头份，免疫期为 12 个月。

（15）**圆环病毒灭活疫苗** 颈部肌内注射。新生仔猪：3～4 周龄首免，间隔 3 周加强免疫一次，1 毫升/头；后备母猪：配种前做基础免疫两次，间隔 3 周，产前 1 个月加强免疫一次，2 毫升/头；经产母猪：跟胎免疫，产前 1 个月接种一次，2 毫升/头；其他成年猪：实施普免，做基础免疫为两次，间隔 3 周，以后每半年免疫一次，2 毫升/头。

（16）**猪蓝耳病灭活疫苗** 目前国内外已推出商品化的猪蓝耳病弱毒疫苗和灭活苗，但是由于蓝耳病弱毒疫苗具有返祖毒力增强的现象，因此应慎重使用活疫苗。虽然灭活疫苗的免疫效力有限或不确定，但从安全性角度来讲是没有问题的，尤其是在感染猪场，可以考虑给母猪接种灭活疫苗。一般配种后 7 天内、产前 15 天内不免，仔猪 14 日龄注射蓝耳疫苗，母猪跟胎免疫。

209. 使用疫（菌）苗时应注意哪些问题？

（1）使用前要了解当地是否有疫情，然后决定是否使用或用何种疫（菌）苗。

（2）使用时要认真阅读疫（菌）苗说明书，检查瓶口、胶盖是否密封，对瓶签上的名称、批号、有效期等做好记录。对于过期的、冻干苗失空的、瓶内有异物等异常变化的疫（菌）苗不能使用。

（3）稀释疫（菌）苗及接种疫（菌）苗的器械用具，使用前后必须洗净消毒。

（4）疫（菌）苗稀释后要充分振荡药瓶，吸药时在瓶塞上固定一个专用针头，并放在冷暗处。如用注射法接种，每头猪须换一个消毒过的针头。稀释或开瓶后的疫（菌）苗，要在规定的时间内用完。

（5）口服菌苗所用的拌苗饲料，禁忌酸败发酵等偏酸饲料，禁忌热水、热食，以免失效。

（6）给妊娠母猪接种时动作要轻柔，以免引起机械性流产。配种后60天以内和临产前15天以内不要注射疫苗，以防引起流产。妊娠母猪不宜使用猪瘟疫苗、猪细小病毒疫苗和猪布鲁氏菌活疫苗。

210. 如何缓解疫苗的应激反应？

疫苗的应激反应是指在疫苗接种过程中，机体在产生免疫应答的同时，机体本身也受到一定程度的损伤。通常情况下，猪只注射疫苗后，常常会发生体温偏高、饮食量下降、泌乳减少、死淘率增加等应激反应，一般会在3～10天后恢复正常，个别的会拖延更长一段时间，给养殖业生产带来经济损失。如给猪只注射O型口蹄疫灭活疫苗后，猪的免疫应激反应普遍且比较强烈，当天下午注射后，第2天猪只基本不食，皮肤发红，严重的可导致猪死亡，直到3～4天才慢慢康复；仔猪注射猪瘟疫苗后快的在注射后几秒钟，慢的在5分钟内表现出呕吐，呼吸困难，四肢抽搐，脚弓反张；免疫只有在动物机体健康的情况下才能产生良好的抗体水平，若动物机体处于亚健康状况时，尤其存在呼吸道疾病和免疫抑制病时，免疫后不但不能产生良好的免疫应答，还会出现严重的应激反应；当母源抗体水平较低或不整齐时，免疫反应就会表现得较为严重，反应维持的时间长；此外免疫途径、疫苗毒力和免疫剂量、疫苗来源、猪舍卫生条件等都会产生严重的应激反应。

【缓解措施】

（1）首先需要强化养殖人员的免疫意识，规范操作流程。妥善运输和保管疫苗，保养好疫苗器械，消毒灭菌；免疫前做好充分准备，严格正确地按免疫程序和疫苗使用说明执行，疫苗现配现用，无菌免疫，正确使用。

（2）加强营养，保持猪体的健康。在注射疫苗前3天可以用黄芪多糖、电解多维给猪饮水，对消除或缓解应激反应可起到很大作用。注射疫苗后，如能及时投药用 3 天也能很快消除应激反应。

211. 养猪户怎样自辨猪病?

（1）**看猪的精神状态**　病猪精神萎顿、行走摇摆、动作呆滞、反应迟钝，或在圈内打转，或横冲直撞，或痴立不动。

（2）**看猪的双眼**　眼结膜苍白，常见于贫血或内脏出血等；眼结膜充血潮红，是某些器官有炎症或热性病表现；眼结膜紫红色，多为血液障碍所致，常见于疾病的后期。

（3）**看猪的鼻盘**　鼻盘干燥、龟裂，是体温升高的表现；鼻腔有分泌物流出，多为呼吸器官有病的象征；鼻、口、蹄部若有水疱、糜烂，可能是水疱病、口蹄疫或水疱疹。

（4）**看猪的尾巴**　尾巴下垂不动，手摸尾巴根部冷热不均、无反应，表示有病。

（5）**看猪的被毛皮肤**　皮肤苍白，是各种贫血的症状；皮肤有出血，应考虑有败血症的可能；皮肤发黄则为肝胆系统与溶血性疾病；皮肤发绀，常见于严重呼吸循环障碍；皮肤粗糙、肥厚，有落屑，发痒，常为疥癣、湿疹的症状。

（6）**看猪的腰部外形**　猪的腰部显著膨大，呼吸迫促，有肠梗阻与肠扭转的可能；如腹围缩小，骨瘦如柴，体质弱差，多见于营养不良和慢性消耗性疾病。

（7）**看猪的行走状态**　行走蹒跚、举步艰难、尾巴下垂，卧地不起等，表示有病；或四肢僵硬、腰部不灵活、两耳竖立、牙关紧闭、肌肉痉挛，是破伤风的表现。

（8）**看猪的肛门**　肛门周围有粪便污染，多见于腹泻，痢疾等病。

（9）**看猪的小便**　小便频多或减少，颜色改变，是疾病的征兆。如果猪频频排尿，且尿液呈断续状排出，说明排尿疼痛，尿道有炎症；若排血尿，则有尿结石、钩端螺旋体病的可能。

（10）**看猪的粪便**　粪便干燥，排粪次数减少，排粪困难，常见于便秘等；粪便稀清如水或呈稀泥状，频频排粪，则多见于食物中毒、肠内寄生虫病及某些传染病；仔猪排出灰白色、灰黄色水样粪便，并带有腥臭味，是仔猪黄痢或白痢的症状；粪便发红，且混有多量小气泡、恶臭，是出血性肠炎的症状。

212. 猪的保定方法有哪几种？

为了给猪采血、诊断、去势或治疗，必须把猪予以适当的保定。根据猪体大小和保定目的的不同，可分别采取以下几种方法：

（1）**猪群圈舍保定法**　用于肌内注射。把猪群赶到圈舍的角落里，关紧圈门，并由 1～2 个人看着猪不让散群，趁猪拥挤在一起的时候，兽医人员慢慢接近猪群，并看准机会迅速进行注射。注射部位多选择耳后或臀部肌肉丰满处，且选用金属注射器为好。

（2）**站立保定法**　用于保定仔猪。双手将仔猪两耳抓住，并将其头向上提起，再用两腿夹住猪的背腰，便可进行诊治。

（3）**提举后肢保定法**　用于保定仔猪。将仔猪两后腿捉住，并向上提举，使猪倒立，同时用两腿将猪夹住，便可进行诊治。

（4）**横卧保定法**　适用于保定中猪。一人抓住猪的一只后腿，另一人抓住猪的耳朵，两人同时向一侧用力将猪放倒，并适当按住颈及后躯，加以控制，即可进行诊治。

（5）**木棒保定法**　适用于大猪和性情凶狠的猪。用一根 1.6～1.7 米长的木棒，末端系一根 35～40 厘米长的麻绳，再用麻绳的另一端在近木棒末端 15 厘米处，做成一个固定大小的套，将套套在猪上颌骨犬齿的后方，随后将木棒向猪头背后方转动，收紧套绳，即可将猪保定。

（6）**鼻绳保定法**　适用于大猪和性情凶猛的猪保定。用一条 2 米长的麻绳，在一端做成直径 15～18 厘米的活结绳套，从口腔套在猪的上颌骨犬齿后方，将另一端拴在柱子上或用人拉住，拉紧活套使猪头提举起来，即可进行灌药、打针等。无论猪体多大，用此法固定时都极为老实，站在原地不动。

213. 怎样给猪灌药？

当病猪无食欲或药物有特殊气味时，常采用灌服喂药法。一般将猪适当保定以后，用一根细木棍卡在猪嘴内，使猪口腔张开，将药液倒入一斜口细的竹筒内（或用小匙），从猪舌侧面靠腮部徐徐倒入药液，使猪自行吞咽。如猪含药不咽时，可摇动木棒促使其咽下。采用这种方法时要特别注意，必须坚持有间歇的、每次少量、慢灌的原则，防止过急或量多，使药液呛入气管，引起异物性肺炎或窒息死亡。

也可以用特制的塑料灌药瓶，装上配好的药液，保定好猪，将药瓶嘴插入猪的左口角灌药，等猪咽下后再灌。

214. 怎样给猪打针？

给猪打针是预防、治疗猪病经常采用的主要措施，常用的方法有以下几种：

（1）**皮下注射** 是将药液注射到皮肤与肌肉之间的疏松组织中，借助皮下毛细血管的吸收而作用于全身。由于皮下有脂肪层，吸收较慢，一般5～15分钟才可产生药效，注射部位多为猪的耳根后部、腹下或股内侧。

（2）**肌内注射** 是将药液注入肌肉内，由于肌肉内血管丰富，药液吸收快。注射部位多为猪的颈部或臀部。

（3）**静脉注射** 是将药液直接注入静脉血管内，使药液迅速发生效果。注射部位多为耳静脉。

（4）**腹腔注射** 是将药液注射到腹腔内，这种方法一般在耳静脉不易注射时采用。注射部位，大猪在腹肋部，小猪在耻骨前缘下3～5厘米中线侧方。

（5）**气管注射** 将药液直接注射到气管内。注射部位在气管的上1/3处，两个气管之间。适用于肺部驱虫及治疗气管和肺部疾患。

215. 怎样计算个体给药剂量？

当猪只发病用药物治疗时，首先要看明白使用说明书是怎样规定的。如果已标明每千克体重注射多少毫升，那就照此执行。但有时只标明每千克体重多少毫克，那就要进行换算。

例如：一头 10 千克体重的猪，需要使用硫酸卡那霉素注射液，治疗因大肠杆菌引起的水肿病，药品的说明书上标明硫酸卡那霉素的含量是每 10 毫升含 1 克，每次肌内注射量为每千克体重 15 毫克。到底该猪每次应注射多少毫升硫酸卡那霉素？

换算：首先应明确 10 毫升含卡那霉素 1 克，即 1 克＝1 000毫克，每毫升含 100 毫克。每次肌内注射量为每千克体重 15 毫克，10 千克体重需要 10 毫升×15 毫克＝150 毫克。150 毫克需要 150 毫克/100 毫克＝1.6 毫升。

结果：10 千克体重的猪每次应肌内注射 1.5 毫升硫酸卡那霉素注射液。

另外，不少药物，如肾上腺素、安钠咖、阿托品、安乃近等一些"剧药"，多采用不标明每千克体重用量而只注明"猪"的用量的方式，凡是不标明的通常指的是 50 千克标准体重的猪的用量，可以除以 50，换算出每千克体重的大致用量。

216. 给猪打针时应注意哪些事项？

（1）注射前，针头、注射器要彻底消毒。

（2）注射时要将猪保定好，注射部位用 5％的碘酊或 75％的酒精棉球消毒。注射后再用碘酊或酒精棉球压住针孔处皮肤，拔出针头。

（3）稀释药液时要注意药液是否混浊、沉淀、过期等。

（4）凡刺激性较强或不容易被吸收的药液，如青霉素、磺胺类药液等，常作肌内注射；在抢救危急病猪时，输液量大、刺激性强、不宜作肌肉或皮下注射的药物如水合氯醛、氯化钙、25％葡萄糖溶液等，可作静脉注射。

（5）注射器里如有气泡时，一定要把空气排尽，然后再用。

（6）注射器及针头用完后，要及时清洗，晾干，妥善保管。

217. **哪些猪不宜打防疫针？**

（1）妊娠后期将要临产的母猪不宜打防疫针，此时打针容易引起流产。

（2）1月龄的哺乳仔猪，因生长发育未健全，对外来的刺激抵抗力差，打预防针反应强，有时会引起死亡。

（3）病猪抵抗力弱，若再打预防针，就会引起强烈的反应，使病情加重。

218. **怎样防治猪蓝耳病？**

猪蓝耳病又称猪繁殖与呼吸综合征，是由猪繁殖与呼吸综合征病毒引起的一种以感染猪发热、厌食，妊娠母猪晚期流产、早产、产死胎、弱胎和木乃伊胎，各种年龄猪（特别是仔猪）呼吸障碍为特征的一种高度传染性疾病。仔猪发病率可达100％，死亡率可达50％以上；母猪流产率可达30％以上，继发感染严重时成年猪也可发病死亡。

猪群常突然发病，初期发病猪表现为发热，体温41℃左右，以40.5℃的体温为最多。精神沉郁，不吃；眼结膜炎、眼睑水肿；咳嗽、气喘，呼吸困难，鼻孔流出泡沫或浓鼻涕等分泌物；皮肤发红，耳部发紫，腹下和四肢末梢等处皮肤呈紫红色斑块状或丘疹样；部分病猪出现后躯无力、不能站立或共济失调等神经症状；临床上经常会与猪瘟、伪狂犬病、圆环病毒病、副伤寒、副猪嗜血杆菌病等混和感染，病情复杂，危害严重。

剖检主要病变是肺水肿、出血、瘀血，以心叶、尖叶为主的灶性暗红色实变；扁桃体出血、化脓；脑出血、瘀血，有软化灶及胶冻样物质渗出；心肌出血、坏死；脾脏边缘或表面出现梗死灶；淋巴结出血；肾脏呈土黄色，表面可见针尖至小米粒大出血斑点；部分病例可见胃肠道出血、溃疡、坏死。

【防治措施】

(1) **高温季节** 做好猪舍的通风和防暑降温，提供充足的清洁饮水，保持猪舍干燥和合理的饲养密度。

(2) **接种疫苗** 根据周边疫情和自身猪场情况，接种蓝耳病疫苗。同时，还要积极做好猪瘟、圆环病毒病、口蹄疫、猪气喘病、猪伪狂犬病等的免疫工作。规模饲养场推广使用猪蓝耳病疫苗要对全部母猪和公猪进行，基础免疫进行2次免疫，间隔3周，以后每隔5个月免疫1次。

(3) **加强消毒** 清除粪便及排泄物后，用3%~5%火碱溶液对猪舍内及周边环境消毒，特别是进出猪场的车辆。建议高热季节一周消毒2次。

(4) **坚持自繁自养的原则** 建立稳定的种猪群，不轻易引种。如必须引种，首先要搞清所引猪场的疫情，此外，还应进行血清学检测，阴性猪方可引入，坚决禁止引入阳性带毒猪。引入后必须建立适当的隔离区，做好监测工作，一般需隔离检疫4~5周，健康者才可混群饲养。

(5) **妥善处理病死猪** 根据国家的有关法律法规及规章的规定，养猪场（户）要及时采取深埋、焚烧等无害化方法处理死胎、死猪，严格控制病猪的流动，严防疫情扩散蔓延。

(6) **防治四原则** 补充营养，抗病毒，提高机体免疫力，对症治疗、防止混合感染。

219. 怎样防治猪瘟？

猪瘟是由猪瘟病毒引起的一种急性、热性、接触性传染病。急性病例呈败血症变化；慢性病例主要在大肠，特别是在回盲口附近发生纽扣状溃疡。因此，该病又叫"烂肠瘟"。不分年龄、性别、体重大小，也不分季节，一旦猪群中一头发病，会很快在全群中流行，死亡率较高。病的潜伏期平均为7天。

病猪主要表现体温升高到41℃以上，持续不退，精神沉郁，食欲减退或不食，眼发红，有眼眵，弓背，打冷战，走路打晃，常喜钻草堆。病初粪便干燥，后期拉稀。公猪包皮积尿，皮肤出现大小不一的紫色或红色出血点，指压不褪色。严重时出血点遍及全身，常有咳嗽。有的出现神经症状，打转转，或突然倒地、痉挛，甚至死亡。

剖检皮肤有点状出血，喉头、肾脏、膀胱均有针尖状与小米粒般大出血点（指压不褪色），脾脏有出血性梗死，回盲瓣有纽扣状溃疡。

【防治措施】

目前，对于该病还没有有效的治疗方法，主要靠平时的预防。

（1）定期预防注射，每年春秋两季，除对成年猪普遍进行一次猪瘟兔化弱毒疫苗注射外，对断奶仔猪及新购进的猪都要及时防疫注射。将猪瘟兔化弱毒疫苗按瓶签说明加生理盐水稀释，大小猪一律肌内注射 1 毫升，注射后 4 天即可产生免疫力。

（2）猪瘟常发疫区，仔猪出生后 21～30 日龄注射一次，55～60 日龄仔猪断奶后再注射一次，保护率可达 100%。

（3）紧急免疫接种，在已发生疫情的猪群中，做紧急预防注射，能起到控制疫情和防止疫情扩大蔓延的作用，注射时可先从周围无病区和无病猪舍的猪开始，后注射同群猪，病猪一般不注射。为加强免疫力，注射时可适当增加剂量。

（4）加强饲养管理，定期进行猪圈消毒，提高猪群整体抗病力，杜绝从疫区购猪。新购入的猪应隔离观察 30 天，证实无病，并注射猪瘟疫苗后方可混群。

（5）在猪瘟流行期间，饲养用具每隔 3～5 天消毒一次。病猪消毒后，彻底消除粪便、污物，铲除表土，垫上新土，猪粪应堆积发酵。在病猪初期，可试用抗猪瘟血清给猪注射，其剂量为每千克体重 2～3 毫升，每天注射一次，直至体温恢复正常。

220. 怎样防治猪口蹄疫？

本病是口蹄疫病毒所引起的偶蹄动物的烈性传染病，传播快，发病率高，主要危害牛、猪、羊等，是世界上危害最严重的家畜传染病之一。病的潜伏期为 1～2 天。

　　发病猪一般体温不高或稍高（40～41℃），主要症状是跛行，蹄部初期蹄冠、趾间红肿，不久逐渐出现米粒大、蚕豆大充满灰白色或灰黄色液体的水疱，水疱破裂后表面出血，形成暗红色糜烂。如无细菌感染，1周左右痊愈。如有继发感染，严重者侵害蹄叶、蹄壳脱落，患肢不能着地，常卧地不起。疗程稍长者也可见到口腔及面上有水疱和糜烂。哺乳母猪乳头的皮肤常见有水疱、烂斑，吃奶仔猪，通常呈急性胃肠炎和心肌炎而突然死亡，死亡率可达60％～80％。

　　剖检除口腔、蹄部的水疱和烂斑外，在咽喉、气管、支气管和胃黏膜有时可出现圆形烂斑和溃疡，上盖有黑棕色痂块。心肌病变具有重要的诊断意义，心包膜有弥散性及点状出血，心肌切面有灰白色或淡黄色斑点或条纹，好似老虎身上的斑纹，所以称为"虎斑心"。此项病变尤以突然死亡的仔猪明显。

　　本病易与水疱病、猪水疱疹、水疱性口炎混淆，单从症状与病理变化，不能做出判断，只有从自然感染家畜的情况和水疱液接种小动物的观察结果才能予以鉴别。

　　【防治措施】

　　（1）当猪场有疑似口蹄疫发生时，除及时进行诊断外，应向上级有关部门报告疫情。同时在疫场（或疫区）严格实施封锁、隔离、消毒等综合性措施。在最后一头病猪痊愈后15天，经过全面大消毒，方可解除"封锁"。

　　（2）对猪场的健康猪，应立即注射口蹄疫灭活疫苗（不能用弱毒疫苗），每猪5毫升，颈部皮下注射。注射后14天产生免疫力，免疫期为2个月。

　　（3）病猪的蹄部可用3％臭药水或煤酚皂溶液洗涤，擦干后涂搽鱼石脂软膏，再用绷带包扎。轻者可涂擦紫药水。乳房可用2％～3％硼酸水清洗，然后涂上青霉素或金霉素软膏等，定期将奶挤出，以防发生乳房炎。

　　（4）口腔可用清水、食醋或0.1％高锰酸钾溶液洗漱，糜烂面上可涂以1％～2％明矾或碘甘油（碘7克、碘化钾5克、酒精100毫升，溶解后加入甘油10毫升），也可用冰硼散（冰片15克、硼砂150克、芒硝18克，共为末）。

（5）仔猪发生恶性口蹄疫时，应静脉或腹腔注射 5％葡萄糖盐水 10～20 毫升，加维生素 C 50 毫克，皮下注射安钠咖 0.3 克。有条件的地方可用病愈牛全血（或血清）治疗。据报道，用结晶樟脑口服，每天 2 次，每次 5～8 克，可收到良好效果。

221. 怎样防治猪传染性胃肠炎？

猪传染性胃肠炎是滤过性病毒引起猪的高度接触性传染病，寒冷季节及饲养管理条件差、饲养密度过大的猪群极易暴发流行。死亡率较高，幼龄猪死亡率可达 100％。病的潜伏期一般为 12～18 小时。

病猪主要特征是全群发生剧烈的水样腹泻，体温一般不高，采食量略有减少，有时伴有呕吐症状，最后常因脱水而导致死亡。

剖检尸体失水，结膜苍白、发绀，胃肠卡他性炎症，黏膜下有出血斑，胃内充满白色凝乳块，胃底部黏膜轻度充血，肠内充满白色或黄绿色半液状或液状物。

仔猪黄痢、红痢，对仔猪的致死率也是很高的，应与本病区别开。因仔猪黄痢不感染大猪，而且乳酶生等药物治疗有效，故能鉴别。仔猪红痢乃是散发性，只有少数仔猪发生，其他大猪也不腹泻，其特征是粪便带血和出血性肠炎特征。

【防治措施】

（1）本病目前尚无特效药物治疗，只有对症治疗。使用广谱抗生素以防治继发感染和合并感染。首选药物为硫酸卡那霉素，体重 15 千克左右的病猪，每次每头肌内注射 50 万～100 万单位。

为抑制肠蠕动，制止腹泻，可用病毒灵和阿托品，体重 15 千克左右的病猪，每次每头肌内注射病毒灵 10 毫升，阿托品 10～20 毫克。

对于病情较重的猪，可用安维糖溶液 50～200 毫升，或 10％葡萄糖溶液 50～150 毫升、维生素 C 10～20 毫升、安钠咖 10 毫升，混合一次静脉注射或腹腔注射。

（2）预防主要是抓好饲养管理工作，特别是在寒冷季节要注意防寒保暖，防止饲养密度过大。对妊娠母猪在产前 45 天和 15 天左右，

可于肌肉与鼻内各接种弱毒疫苗 1 毫升，也可给 3 日龄的哺乳仔猪直接接种。

222. 怎样防治猪流行性腹泻?

猪流行性腹泻是由类冠状病毒引起的以胃肠病变为主的传染病。母猪的发病率为 15%～90%，哺乳仔猪、架子猪或育肥猪的发病率可达 100%。病的潜伏期，新生仔猪为 24～36 小时，育肥猪为 2 天。

临床表现与猪传染性胃肠炎十分相似，大小猪均可发病，年龄越小，病情越重。粪便稀薄、呈水样，淡黄绿色或灰色，体温稍高或正常，精神、食欲变差。哺乳仔猪发病表现呕吐、水样腹泻，肛门周围皮肤发红，1 周龄内的仔猪常在水样腹泻后 3～4 天因严重脱水而死亡；断奶后的仔猪与育肥猪的病程约持续 1 周。成年猪一般症状不明显，有时仅表现呕吐和厌食。

主要病理变化是小肠绒毛萎缩，肠壁变薄呈半透明状，肠内容物呈水样。

【防治措施】

（1）目前可利用细胞弱毒苗来预防，在母猪分娩前 5 周和 2 周，分别口服疫苗。母源抗体可保护仔猪 4～5 周龄内不发病。

（2）对病猪用抗生素类药物治疗无效，但加强饲养管理，保持猪舍温暖、清洁、干燥，供足饮水可减轻病情和降低死亡率。

223. 怎样防治猪圆环病毒病?

猪圆环病毒病是指由猪圆环病毒Ⅱ型所引起又一种新的猪的传染病，要感染 8～13 周龄的猪。临床表现症状多种多样，如断奶仔猪多系统衰弱综合征和皮炎肾病综合征、猪呼吸系统复合体病、肠炎、繁殖障碍、新生仔猪的先天性阵颤等，其中，断奶仔猪多系统衰弱综合征、皮炎肾病综合征和繁殖障碍在临床上常见，对养猪业危害较大。本病可经口腔、呼吸道途径感染不同日龄的猪，病猪所接触的物品或病猪的分泌物（血液、尿液、粪便或黏液）可能含有传染性病原体。妊娠母猪感染该病毒后，也可经胎盘垂直传播感染仔猪，并导致繁殖障碍。

发生断奶仔猪多系统衰弱综合征的仔猪，多表现生长发育不良，逐渐消瘦、体重减轻、皮肤与可视黏膜苍白或黄疸，贫血、衰竭无力，呼吸困难、咳嗽、气喘，有的腹泻，腹股沟淋巴结外露明显肿大。随着病情的发展，病猪眼圈发紫，耳朵发青，身体发绀，最后窒息死亡。

发生皮炎肾病综合征的患猪，表现为皮肤出现不规则的红紫斑及丘疹，最先出现在猪体后 1/4、四肢和腹部，然后蔓延到胸部、腰背部和耳部。眼观可见圆形或不规则形状的红色到紫色深浅不一的斑点和丘疹，在会阴部和四肢末端结合形成不规则的斑块。随着病程延长，病变区破溃、结痂呈黑色。病情轻者体温不高，生长缓慢，较重者体温升高、厌食和出现瘸腿（仅一只后腿跗关节肿胀）。

【防治措施】

（1）接种猪圆环病毒病疫苗，建议使用基因工程疫苗灭活苗。

（2）完善猪场传统的饲养管理。条件许可的情况下，尽可能采用分段同步生产、两点式或三点式饲养方式。

（3）加强饲养管理，减少仔猪应激，禁止饲喂发霉变质的饲料，做好猪舍通风换气，降低氨气的浓度；保持猪舍干燥，降低猪群的饲养密度。

（4）改进或改善饲料品质。日常饲养中，可在猪只饮水中添加黄芪多糖和电解多维；饲料中添加含强力霉素、氟苯尼考、泰乐菌素和增效剂的预混料，增强猪体抵抗力，防止继发感染。

（5）有效的环境卫生和消毒措施，减少病毒感染机会。

（6）制定并严格执行合理的免疫程序，适时对猪群进行圆环病毒、猪瘟、蓝耳病等疫病的免疫接种，并定期监测猪群抗体水平，及时处理阳性猪。

（7）引种时检疫隔离，对于人工授精的猪场，选择无圆环病毒Ⅱ型污染的精液。

（8）病猪隔离，及时对症治疗或淘汰处理。

224. **怎样防治猪细小病毒病？**

猪细小病毒是引起妊娠母猪繁殖障碍的主要病原体之一，其特征是受感染的母猪特别是初产母猪表现为流产、产出死胎、木乃伊胎儿和畸形胎儿，或产仔数少，而母猪无明显病状为特征。有时还可导致公、母猪不育。本病主要发生于初产母猪；可水平传播和垂直传染，特别是购入带毒猪后，可引起暴发流行；母猪早期怀孕感染时，其胚胎、胚猪率可高达80%～100%。本病具有很高的感染性，病毒一旦传入，3个月内几乎可导致猪群100%感染，并较长时间保持血清反应阳性。

本病的主要症状是妊娠母猪流产，但由于感染病毒的时期不同而表现有所不同。怀孕初期（30日龄以内）感染时，则因胎儿的死亡而吸收，使母猪不孕和无规律地反复发情；怀孕中期感染时，则胎儿死亡后，逐渐木乃伊化，在分娩时产程延长而造成死产等；在怀孕后期（70日龄以后）感染则大多数胎儿能存活，且外观正常，但可长期带毒排毒。多数初产母猪受感染后可获得坚强的免疫力，甚至可持续终生。但可长期带毒排毒。被感染公猪的精细胞、精索、附睾、副性腺中都可带毒，在交配时很容易传给易感母猪，而公猪的性欲和授精率没有明显影响。

【防治措施】

（1）本病无特效的治疗药物，也没有治疗意义，重在预防。预防该病的基本原则有两条，一是实行自繁自养，防止带毒母猪进入猪场。从场外引进动物时，须选自非疫区的健康动物群，进场后进行定期隔离检疫，确证健康时方能混群饲养或配种；二是待初产母猪获得自动免疫后再繁育配种。来自木乃伊窝的活仔猪，可能是本病毒的携带者，不要留作种用，也不要在头胎母猪的后代中选留种猪。

（2）人工免疫接种，疫苗有灭活疫苗和弱毒疫苗两种，我国普遍使用的是灭活疫苗，初产母猪和育成公猪，在配种前一个月免疫注射，免疫期可达7个月，1年免疫注射2次，可以预防本病。

（3）发生疫情时，首先应隔离疑似发病动物，尽快做出确诊，划定疫区，进行封锁，制定扑灭措施。作好全场特别是污染猪舍的彻底消毒和清洗。病死动物的尸体、粪便及其他废弃物应进行深埋或高温消毒处理。对病情轻的患猪可以采取对症治疗，防止继发感染。

225. 怎样防治猪狂犬病？

本病俗称疯狗病，又称恐水病，是由狂犬病病毒引起的一种人畜共患传染病，病死率达100%。本病的传播主要受病犬、猫咬伤或抓伤所致，皮肤黏膜受损伤时，接触病畜也可能受感染。

狂犬病潜伏期差异性很大，伤口离头部（中枢神经）愈近，潜伏期愈短，一般为2～6周。被咬伤后，因局部发痒而不停地摩擦，有时会擦出血来，以后病猪出现流血、咬牙、狂躁不安、叫声嘶哑、横冲直撞，常常攻击人和其他家畜。间歇期时常钻入垫草中，稍有声响，一跃而起盲目乱窜，最后发生麻痹，经过2～4天死亡。

剖检常见病猪口腔和咽喉黏膜充血、糜烂，胃内空虚却有异物，如破布、毛发、木片等，胃肠黏膜充血或出血，硬脑膜有充血。最重要的是左大脑部海马角，其次是小脑和延脑处的细胞浆内出现嗜酸性包涵体（内基氏小体）。

【防治措施】

（1）控制本病的有效措施包括及时捕杀病畜，对家养的动物如犬、猫等应按时接种狂犬疫苗。

（2）猪一旦被疯犬咬伤、抓伤，应及时处理伤口，可扩大创面，使伤口局部出血，然后用肥皂水、0.1%升汞、5%碘酊、3%碳酸或75%酒精处理伤口；也可采用烧烙术处理局部，然后立即肌内注射狂犬病灭活疫苗，剂量为5～10毫升，第一次注射后，间隔3～5天再重复注射一次。

（3）对严重病例或被咬伤的猪，注射一定量的高免血清和免疫球蛋白，既可起到预防作用，也能收到良好的治疗效果。

226. 怎样防治猪痢疾？

猪痢疾是由猪痢疾密螺旋体引起的一种危害严重的猪肠道传染

病，各种年龄的猪均可感染发病，但以2～4月龄的幼猪受害最为严重。病的潜伏期为5～180天。

根据病程长短可分为急性、亚急性及慢性三型。各型的症状大致相同，多数病猪开始排黄灰色稀粪，食欲减退，个别病猪体温能升高到40～41℃，1～2天后排出黏液状粪便，其中带有血块和黏膜坏死块。严重的粪便呈红色水样，有的病猪不断排出少量暗红色的黏液和血液，通常污染肛门、臀部。病猪有腹痛表现，常见弓背踢腹。拉稀过久会出现脱水，造成口渴，最后消瘦，衰竭而死亡。

剖检病变主要在大肠，可见结肠、盲肠和直肠等黏膜充血、出血，呈渗出性卡他性变化。急性期肠壁呈水肿性肥厚，大肠松弛，肠系膜淋巴结肿胀，肠内容物为水样，恶臭并含有黏液，肠黏膜常附有灰白色纤维素样物质，特别在盲肠端出现充血、出血，水肿和卡他性炎症更为显著。

【防治措施】

（1）对病猪可在隔离的条件下进行治疗。对本病有效药物种类很多，可选择使用。

正泰霉素：按每千克体重2 000单位，肌内注射，每天2次，5天为一疗程。

痢菌净：按每千克体重2.5～5毫克内服，每天2次，连续3～5天为一疗程，或用痢菌净0.5%水溶液，按每千克体重0.5毫升，肌内注射。

土霉素、新霉素：按每千克饲料中混入50～100毫克喂猪，连喂3～4天。

林肯霉素、奇放线菌素：按每千克饲料加入100～120毫克，混匀喂猪，连用3～4天。

甲硝咪乙酰胺、甲硝异丙咪、二甲硝基咪唑：按每千克饮水中加60毫克，供猪饮用；或按每千克饲料中加入120毫克，混匀喂猪，连用3～4天。

（2）不从发病地区购买种猪与仔猪，猪场坚持实行自繁自养。引进的猪最少要隔离观察1个月，确认无病后方可并群混养，病猪舍、用具等要彻底消毒。怀疑有此病发生时，可用上述治疗药物剂量的1/2进行预防。

227. 怎样防治猪痘？

本病是由猪痘病毒引起的一种急性热性传染病，在皮肤某些部位的黏膜上出现痘疹。当天气阴雨寒冷，猪圈潮湿污秽和猪营养不良时流行严重，发病率和致死率较高。常发生于 4～6 周龄的哺乳仔猪。主要通过直接接触，或空气、伤口感染。饲料、用具、外寄生虫等作为媒介。病的潜伏期为 4～7 天。

发病时病猪体温上升 41℃以上，不吃食，结膜发炎，眼睑被分泌物粘住，鼻孔流涕，或堵塞鼻孔，全身被毛稀少的部分如鼻盘、眼睑、股内侧、下腹等处出现多数红斑、丘疹，有时蔓延至颈部和背部，2～3 天后，丘疹变成水疱，里面贮有清亮的渗出液，继之变为脓液。由于病变部发痒，猪经常摩擦，痘疱破裂后结痂，局部皮肤增厚起皱纹如皮革状。另外，在口腔、咽喉、气管、支气管内均可发生痘疹，若管理不当常继发肺炎、胃肠炎、败血病等，继而发生死亡。

本病与口蹄疫、水疱病、水疱疹、水疱性口炎易混淆，但本病的痘疹不出现在蹄部，且无跛性。本病与湿疹也很相似，但湿疹无传染性，且猪不发热。

【防治措施】

（1）加强饲养管理，平时保持良好的环境卫生，搞好灭虱、灭蝇。严防自疫区引进种猪，一旦发病，应立即隔离和治疗病猪，病猪皮肤上的结痂等污物，要集中一起堆积发酵处理，污染的场所要严格消毒。

（2）本病目前尚无疫苗预防，康复猪可获得坚强的免疫力。

（3）对病猪无有效药物治疗，为了防止继发感染，可用抗生素和磺胺类药物。局部病变可用 10％高锰酸钾溶液洗涤，擦干后除抹紫药水、碘甘油等。

228. 怎样防治猪流行性乙型脑炎？

本病是流行性乙型脑炎病毒所致的一种人畜共患传染病，不同年龄、性别和品种的猪都可感染发病。一般在夏季至初秋发病较高（与蚊子的活动有关），主要侵害母猪和种公猪。

病猪发病较突然，体温升高至41℃左右，呈稽留热，喜卧，食欲下降，饮水增加，尿色深重，粪便干结混有黏膜。有的病猪呈现后肢轻度麻痹，后肢关节肿大、跛行。妊娠母猪患病后常发生流产，出现死胎或木乃伊胎。患病公猪多出现一侧性睾丸肿胀、发热，严重的睾丸缩小变硬，失去种用性能。

剖检主要表现脑、脑膜和脊髓膜充血，脑室和髓腔积液增多。母猪子宫内膜有出血点，淋巴结周边性出血。肝脏肿大，肺脏充血、水肿或有灰红色的肺炎灶。公猪睾丸肿大，切开阴囊时，可见黄褐色浆液增多，睾丸切面有斑状出血和坏死灶；睾丸萎缩的切开阴囊时，发现阴囊与睾丸粘连。

诊断时应与布鲁氏菌病、猪细小病毒病、猪流行性感冒等病相鉴别。

【防治措施】

（1）本病主要是由蚊虫传播，故要采取措施减少蚊虫孳生与灭蚊，猪圈经常喷洒0.5％敌敌畏溶液或其他灭蚊剂。掌握好配种季节，避免在天热蚊虫多时产仔。

（2）对病猪要隔离治疗。猪圈及用具、被污染的场地要彻底消毒。死胎、胎盘和阴道分泌物都必须妥善处理。

（3）本病目前尚无有效疗法，为防止并发症，对呼吸迫促的病猪，可采用抗生素或磺胺类药物治疗。

（4）对4月龄以上至2岁的后备公母猪或于流行期前1个月进行乙型脑炎弱毒疫苗免疫注射，免疫后1个月产生坚强的免疫力，可防止妊娠后的流产或公猪睾丸炎。

229. 怎样防治猪流行性感冒？

猪流行性感冒是由猪A型流感病毒引起的急性、高度接触性传染病，发病突然，传播迅速，多发生于气候骤变的晚秋、早春及寒冷的冬季。自然发病的潜伏期为2～7天。

本病发病突然，常会全群同时发生，体温升高至 42℃，精神极度萎靡，食欲废绝，不愿动，喜卧。眼和鼻流出黏性分泌物，阵发性咳嗽，呼吸迫促、呈腹式呼吸，多数病猪经 1 周左右才能自然康复。个别病例转为慢性，出现持续咳嗽、消化不良等，病程能拖 1 个月以上。

剖检病猪呼吸道，鼻、喉、气管和支气管黏膜充血，附有大量泡沫，有时混有血液。肺脏有深红色的病灶，颈部及肺纵隔淋巴结水肿，胃肠内浆液增多，并有充血。

诊断时应注意与猪瘟、猪肺疫、流行性乙型脑炎、支原体肺炎等病相鉴别。

【防治措施】

目前尚无特效药物治疗和有效疫苗预防。一般用对症疗法以减轻症状和使用抗生素或磺胺类药物控制继发感染。

（1）解热镇痛，可肌内注射 30%安乃近 10～20 毫升，或复方氨基比林 10～20 毫升，或内服阿司匹林 3～5 片或强力维 C 银翘片 20～50 片。病重时，可肌内注射青霉素 40 万～160 万单位。

（2）用中药金银花 10 克，连翘 10 克，黄芩 6 克，柴胡 10 克，牛蒡子 10 克，陈皮 10 克，甘草 10 克，煎水内服。

（3）加强饲养管理，将病猪置于温暖、干净、无风处，并喂给易消化的饲料，注意多喂青绿饲料，以补充维生素。特别是在阴雨潮湿和气候变化急剧时，应加强对猪只的管理，有时病猪在良好的环境下甚至不需药物治疗亦可痊愈。

230. 怎样防治猪附红细胞体病？

猪附红细胞体病，是由血液寄生虫附红细胞体引起的临床上以贫血、黄疸和发热为主要特征的一种热性、溶血性传染病。各种不同年龄、性别和品种的猪均易感，多发于夏季 6～10 月吸血昆虫多的季节。应激、饲养管理不良、气候恶劣、长途运输、预防接种等应激情况下，均可使隐性感染的猪突然发病甚至大群发作，出现高热和高死亡，而且传播迅速。

发病初期，患猪精神沉郁，食欲减退，饮欲增加，体温达 40～42℃，呈高热稽留，身上有小出血点；粪便呈球状，外附着黏液或黏膜；后期拉稀或有时与便秘交替出现。有的病猪耳朵、颈下、胸前、腹下、四肢内侧等部位皮肤红紫，指压不褪色，并且毛孔出现淡黄色汗迹；有的病猪两后肢发生麻痹，不能站立，卧地不起；有的病猪流涎，呼吸困难，咳嗽，眼结膜发炎。病程3～7天，或死亡或转为慢性。

剖检病变有黄疸和贫血，全身皮肤黏膜、脂肪和脏器显著黄染，常呈泛发性黄疸。全身肌肉色泽变淡，血液稀薄呈水样，凝固不良。全身淋巴结肿大、潮红、黄染、切面外翻，有液体渗出。胸腹腔及心包积液，肺肿胀，瘀血水肿。心外膜和心冠脂肪出血黄染，有少量针尖大出血点，心肌苍白松软。肝脏肿大、质脆，细胞脂肪变性，呈土黄色或黄棕色。胆囊肿大，含有浓稠的胶冻样胆汁。脾肿大，质软而脆。肾肿大、苍白或呈土黄色，包膜下有出血斑。膀胱黏膜有少量出血点。

【防治措施】

本病目前既无疫苗免疫，也无特效的治疗药物，只有采用综合性的防治措施与对症治疗的方法综合治疗。

（1）在本病的高发季节，应扑灭蜱、虱子、蚤、螫蝇等吸血昆虫，断绝其与猪只接触。

（2）定期在饲料中添加预防剂量的四环素、强力霉素、金霉素、土霉素和磺胺类药物，对本病有很好的预防效果。

（3）早期发现及时治疗可收到很好的效果。用血虫净（贝尼尔）、四环素、卡那霉素、强力霉素、黄色素和对氨基苯胂酸钠等药物治疗，效果较好。

231. 怎样防治猪副嗜血杆菌病？

猪副嗜血杆菌病，又称多发性纤维素性浆膜炎和关节炎，也称格拉泽氏病。是由猪副嗜血杆菌引起，临床上以体温升高、关节肿胀、呼吸困难、多发性浆膜炎、关节炎和高死亡率为特征的一种传染病，严重危害仔猪和青年猪的健康。目前，副猪嗜血杆菌病已经在全球范围影响着养猪业的发展，给养猪业带来巨大的经济损失。该病通过呼吸系统传播。饲养环境不良时本病多发。断奶、转群、混群或运输也是常见的诱因。

患猪发病后出现厌食、精神沉郁、被毛粗乱、跛行（后肢一个跗关节肿胀）、呼吸困难、震颤及共济失调等症状。如疾病暴发可能引起较高的死亡率。剖检病变可见心包炎、腹膜炎、胸膜炎，全身浆膜表面出现浆液性纤维素性以及纤维素性化脓性渗出。剖检胸膜以浆液性、纤维素性渗出性炎症为特征。肺间质水肿，最明显是心包积液，心包膜增厚，心肌表面有大量纤维素渗出，喉管内有大量黏液，后肢关节切开有胶冻样物。腹股沟淋巴结呈大理石状，下颌淋巴结出血严重，肝脏边缘出血，脾脏有出血边缘隆起米粒大的血泡。

【防治措施】

（1）加强饲养管理，消除诱因，对全群猪用电解质加维生素 C 粉饮水 5～7 天，以增强机体抵抗力，减少应激反应。

（2）彻底清理猪舍卫生，猪圈地面和墙壁可用 2‰氢氧化钠水溶液喷洒消毒，2 小时后用清水冲净，再用复合碘喷雾消毒，连续喷雾消毒 4～5 天。

（3）隔离病猪，用敏感的抗菌素进行治疗，口服抗菌素进行全群性药物预防。为控制本病的发生发展和耐药菌株出现，应进行药敏试验，科学使用抗菌素。

（4）搞好免疫，使用自家苗（最好是能分离到该菌，增殖、灭活后加入该苗中）、猪副嗜血杆菌多价灭活苗能取得较好效果。种猪用猪副嗜血杆菌多价灭活苗免疫能有效保护仔猪早期发病，降低复发的可能性。对母猪，初免可于产前 40 天一免，产前 20 天二免。经免猪产前 30 天免疫一次即可。受本病严重威胁的猪场，仔猪也要进行免疫，根据猪场发病日龄推断免疫时间，仔猪免疫一般安排在 7 日龄到 30 日龄内进行，每次 1 毫升，最好一免后过 15 天再重复免疫一次，二免距发病时间要有 10 天以上的间隔。

232. 怎样防治猪丹毒？

本病是由猪丹毒杆菌引起的一种急性、热性传染病。主要表现急性败血症、亚急性皮肤疹块、慢性心内膜炎和化脓性关节炎。不同年龄、品种的猪都可感染，但 3 个月以上的架子猪发病率最高。一年四季均可发生，尤以炎热多雨季多发，主要经消化道感染，常呈散发或地方性流行。潜伏期长短与病菌毒力强弱和猪的抵抗力有关，一般为 3～5 天，最长 7 天，最短只有 24 小时。

猪丹毒在临床上有急性、亚急性和慢性三型。常见的是急性与亚急性，慢性的少见。最典型的症状是体温升高达 41～42℃，猪喜卧，寒战，绝食，腹泻，呕吐，继而在胸、腹、四肢内侧和耳部皮肤出现大小不等的红斑或黑紫色疹块，指压可暂时退色，疹块部位稍凸起，发红，界限明显很像烙印，俗称"打火印"。有的病例，疹块中央发生坏死，久而变成皮革样痂皮。

根据病型不同病理变化有所不同，急性型以败血症为特征，胃、小肠黏膜肿胀、充血、出血，全身淋巴结充血、肿胀、出血。脾、肾脏肿大，心内膜有小出血点。亚急性主要病变为皮肤有死性疹块，疹块皮下组织充血，也有关节发炎、肿胀的。慢性病例主要是心脏二尖瓣处有溃疡性心膜炎，形成疣状团块，状如菜花。腕关节和跗关节呈现慢性关节炎，关节囊肿大，有浆液性渗出物。

诊断时应注意与猪链球菌病、猪肺疫、猪瘟、猪副伤寒、弓浆虫病鉴别。

【防治措施】

（1）加强饲养管理，做好定期消毒工作，增强机体抵抗力。定期用猪丹毒弱毒菌苗或猪瘟、猪丹毒、猪肺疫三联冻干疫苗免疫接种，仔猪在 60～75 日龄时皮下或肌内注射猪丹毒氢氧化铝甲醛疫苗 5 毫升，3 周后产生免疫力，免疫期为半年。以后每年春秋两季各免疫一次。用猪丹毒弱毒菌苗，每头猪注射 1 毫升，免疫期为 9 个月。也可注射猪瘟、猪丹毒、猪肺疫三联疫苗，大小猪一律 1 毫升，免疫期 9 个月。

（2）治疗时，首选药物为青霉素，对败血型病猪最好首先用水剂青霉素，按每千克体重 1 万～1.5 万单位静脉注射，每天 2 次。如青霉素无效时，可改用四环素或金霉素，按每千克体重 1 万～2 万单位肌内注射，每天 1～2 次，连用 3 天。

233. 怎样防治猪肺疫（猪巴氏杆菌病）？

猪肺疫又叫猪巴氏杆菌病、猪出血性败血症，俗称"锁喉风"或"肿脖子瘟"，是由特定血清型的多杀性巴氏杆菌引起的急性发热败血性传染病。多发生于春秋两季，一般为散发性，常与猪瘟、猪丹毒等病并发。病的潜伏期1～5天。

根据其病程临床上可分为最急性、急性和慢性三种类型。

最急性型猪肺疫呈败血性经过，病猪体温突然升高到41～42℃，呼吸困难，心跳加快，不吃食，口鼻黏膜发绀。耳根、颈部、腹部等处发生出血性红斑。咽喉肿胀，坚硬而热，病猪呈犬坐姿势，多在数小时到一天内死亡。有的头天晚上吃喝正常无临床症状，次日清晨死于圈内。

急性型呈纤维素性胸膜肺炎。体温上升至40～41℃，呼吸困难，有短而干的咳嗽，流鼻涕，气喘，有液性或脓性结膜炎。皮肤出现出血红紫斑。病初便秘，后来下痢，往往在2～3天内残废。不死的转为慢性。

慢性型主要表现慢性肺炎或慢性胃肠炎。初期症状不明显，继续发展则食欲和精神不振，时发腹泻，消瘦无力；或持续性咳嗽，呼吸困难，鼻孔不时流出黏性或脓性分泌物，行走无力，有时皮肤上出现痂样湿疹，关节肿胀、跛行。如不加治疗，常于发病后2～3周衰竭死亡。

由于病型不同，病理变化也不同。最急性型为败血性变化，全身黏膜、浆膜和皮下组织、心内膜等处有大量出血斑点。最突出的病例是咽喉部发生水肿，其周围组织发生出血性浆液浸润，肺部淤血、出血和水肿，淋巴结肿大为浆性出血性炎症。急性型主要变化是纤维素性胸膜肺炎，有各期肺炎病变和坏死灶，肺脏切面呈大理石样。慢性病例在肺脏有多处坏死灶，切开后有干酪样物质。

【防治措施】

（1）加强饲养管理，消除可能降低抗病力的因素，每年春秋定期用猪肺疫氢氧化铝甲醛菌苗或猪肺疫口服弱毒菌苗进行两次免疫接种。前者皮下注射5毫升，注射后14天产生免疫力，后者可按瓶签

要求应用，注射后 7 天产生免疫力。

（2）治疗可用青霉素、链霉素、新砜霉素、土霉素等抗菌药物。青霉素，按每千克体重 1 万单位，肌内注射，每天 2 次，连用 3 天；链霉素，每千克体重 1 万单位，肌内注射，每天 2 次，连用 3 天。

234. 怎样防治仔猪白痢？

仔猪白痢又称大肠杆菌病，是由大肠杆菌引起以仔猪拉灰白色稀粪为特征的急性肠道传染病。一般生后 7～20 天的仔猪发病较多，一年四季均可发生，但在冬季和炎热夏季气候骤变时多发生，饲养管理和卫生条件较差时，极易诱发本病的流行，发病率和死亡率都较高。

病猪多突然发生腹泻，粪便呈浆状、糊状，色乳白、灰白或青灰等不一，具恶腥臭，肛门周围常被粪便污染，有时可见吐奶。随着病程进展，粪便呈水状，病猪口渴加剧，严重的可见眼凹陷，目光呆滞，被毛粗乱，皮肤无弹性，病猪拱背，后肢软弱无力，若治疗不及时可引起昏迷而死亡。

剖检病猪尸体苍白、消瘦，主要呈现卡他性炎症变化。胃内有凝乳块，肠内常有气体，内容物为糯糊状或油膏状，乳白色或灰白色，肠黏膜轻度充血潮红，肠壁菲薄而带半透明状，肠系膜淋巴结水肿。

【治疗方法】

（1）土霉素，按每千克体重 50～100 毫克，每天内服 2 次，连服 3 天。

（2）磺胺脒 15 克、次硝酸铋 15 克、胃蛋白酶 10 克、龙胆末 15 克，加淀粉和水适量，调成糊状，可供 15 头仔猪用，上下午各一次，抹在仔猪口中。

（3）敌菌净加磺胺二甲嘧啶，按 1：5 配合，混合后按每千克体重 60 毫克，首次量加倍，每天内服 2 次，连服 3 天。

（4）硫酸庆大霉素注射液（5 毫升含 10 万单位），按每千克体重 0.5 毫升肌内注射，配合同剂量口服，每天 2 次，连用 2～3 天。

（5）链霉素 1 克，蛋白酶 3 克，混匀，供 5 头仔猪一次内服，每天 2 次，连用 3 天。

此外，尚有许多中草药，如黄连、黄柏、白头翁、金银花及大蒜等对仔猪白痢病都有一定疗效。

【防治措施】

加强妊娠母猪和哺乳母猪的饲养管理，注意饲料科学搭配，防止饲料突变，以保证母乳质量。在冬季产仔季节，要注意猪舍的防寒和保暖工作，母猪分娩前3天，猪圈应彻底清扫消毒，换上清洁干燥垫草。仔猪生下后，脐带一定要彻底消毒，尽早让仔猪吃上初乳，吃初乳前每头仔猪口服2毫升庆大霉素。给仔猪提前补饲，可促进其消化器官的早期发育，增加营养，从而提高抗病能力。在仔猪饲料中，以每千克饲料中均匀混入痢特灵或粗制土霉素1克，也可预防白痢病的发生。

235. 治疗仔猪白痢有哪些妙方？

（1）大蒜2头，捣泥，加入白酒10毫克，温水40毫克，甘草末100克，调匀后1天2次内服，连服2～3天。

（2）白胡椒面0.2克，盐酸土霉素粉0.5克，鞣酸蛋白3克，一次内服，每天1次，连服3～5次。

（3）高粱50克，炒焦研成细末，呋喃西林0.1克，一次内服，每天1次，连服2～3次。

（4）白头翁10克，龙胆草5克，黄连2克，共为细末，用米汤调均灌服，每天1剂，连服2剂。

（5）狗骨头300克，烧成炭状，研成粉末，白糖50克，温水调匀，每天1次，连服3～4天。

（6）黄连素片，一次内服1～2片（每片0.5克），每天2次，连服2～3天。

（7）陈醋100克，分上、下午2次拌入母猪饲料喂下，连服2～3天。

（8）白痢散，哺乳母猪每头每天150克拌入料内，分为上、下午2次喂下，连服2天。

（9）白头翁、瞿麦各0.5千克，每天分2～3次喂母猪，连喂

3天。

（10）石榴皮粉或车前子粉 0.25 千克，每天分 2～3 次喂母猪，连喂 3 天。

（11）水杨酸钠，每次 30 克，每天喂母猪 1～2 次，连喂 3 天。

（12）用复方新诺明、乳酸菌素、食母生各 1～2 片，混合后一次给病猪口服，每天 2 次，连喂 3 天。

（13）链霉素 1 克，蛋白酶 3 克，混匀，供 5 头仔猪一次内服，每天 2 次，连用 3 天。

（14）白头翁 6 份，龙胆草 3 份，黄连 1 份，研成细末，每头仔猪服用 10 克，每天 1 次，连服 3 天。

236.　怎样防治仔猪红痢？

仔猪红痢病又叫"猪传染性坏死性肠炎""出血性肠炎""C 型魏氏梭菌病"，是由 C 型产气荚膜梭菌所引起的肠毒血症。主要危害 1～3 日龄的仔猪，一旦发病，常年在产仔季节暴发，可使整窝仔猪全部死亡。

急性病例症状不明显，往往不见拉稀，只是突然不吃奶，常在病后数小时死亡；病程稍长者，不吃奶，行走摇晃，开始拉黄色或灰绿色稀粪，后变红色糊状，混有坏死组织碎片及多量小气泡，粪便恶臭，病猪一般体温不高，只有个别升高达 41℃ 以上。大多数病猪在短期内死亡，极少数能耐过，后恢复健康。

剖检病猪，可见肛门周围被黑红色粪便污染，腹腔内有多量樱桃红色腹水，典型病变在小肠（多数在空肠），肠管呈深红色，甚至为紫红色，肠腔内有红黄色或暗红色内容物，肠黏膜上附有灰黄色坏死性假膜，其浆膜下及肠系膜内积有小气泡，淋巴结肿大、出血。心肌苍白，心外膜有出血点。

【防治措施】

本病无良好的药物治疗，预防本病必须严格实行综合卫生防疫措施，加强母猪的饲养管理，搞好圈舍及用具的卫生和消毒，产仔后的母猪，必须把乳头洗净消毒后，再给仔猪吃奶。

在发病的猪群中，对怀孕母猪于临产前一个月和产前半个月，各肌内注射仔猪红痢菌苗 10 毫升，使母猪产生较强的免疫力后，在其初乳中产生免疫抗体，初生仔猪吃到初乳后，可获得 100% 的保护力。也可于仔猪出生后口服土霉素、痢特灵等药物，以防仔猪红痢的发生。

237. 怎样防治仔猪黄痢？

仔猪黄痢又叫"初生仔猪大肠杆菌病"，是由致病性大肠杆菌引起的初生仔猪的一种急性、高度致死性传染病。多发生于 1 周龄以内的哺乳仔猪，尤以 1~3 日龄为最多。经常 1 头仔猪发病，很快会传至整窝，死亡率极高。

病猪主要症状是突然腹泻，初期拉黄色糊状软粪，不久转为半透明的黄色液体、腥臭。严重的病猪肛门松弛，大便失禁，眼球下陷，迅速消瘦，皮肤失去弹性，外阴部、会阴部、肛门周围以及股内等处皮肤潮红，很快昏迷而死。发病最早的常在生后数小时、无拉稀症状而突然死亡。

剖检病猪颈部及腹部皮下水肿，肌肉苍白，肠道黏膜出现急性卡他性炎症，尤其是十二指肠最严重，肠黏膜肿胀，充血、出血，肠壁变薄，肠管松弛，肝、肾脏常有小坏死性病灶，脑部充血或有出血点。

【防治措施】

（1）由于本病的病程短，发病后常来不及治疗，但如在一窝内发现 1 头病猪后立即对全窝做预防性治疗，可减少损失。常用药物有金霉素、新霉素、磺胺甲噁唑等。由于细菌易产生耐药性，最好先分离出大肠杆菌做药敏试验，选出最敏感的治疗药品用于治疗，能收到好的疗效。

（2）加强饲养管理，搞好预防工作。母猪产房在临产前必须清扫、冲洗，彻底消毒，并垫上干净垫草。母猪产仔后，先把仔猪放入已消毒的产仔箱内，暂不接触母猪，再彻底打扫产房，把母猪乳房、乳头、胸腹及臀部洗净、消毒、擦干，挤掉头几滴乳汁，再固定乳头

喂奶。产后头3天每天要清扫圈舍2次，乳房清洗消毒2～3次。

238. 怎样防治仔猪副伤寒？

仔猪副伤寒又称"猪沙门氏菌病"，主要是由猪霍乱沙门氏菌和猪伤寒沙门氏菌引起的仔猪常见传染病之一。其病原菌常存在于健康猪的肠道内，当饲养管理不良，卫生条件差，气候骤变等因素使猪体抵抗力降低时诱发本病，一年四季均可发生，但春初、秋末气候寒冷季节常发，主要发生于2～4月龄的幼猪，常与猪瘟、猪喘气病并发或继发。

急性型（败血型）多见于断奶前后的仔猪，常突然死亡，病程稍长者可见精神沉郁，食欲不振或废绝，喜钻于垫草内，体温升高至41～42℃，鼻、眼有黏性分泌物，病初便秘，后下痢，粪色淡黄，恶臭，有时混有血液。死前不久在颈、耳、胸下及腹部皮肤呈紫红色，后变蓝紫色，病程4～10天，多数患猪往往因心力衰竭而死亡。

慢性型最常见，病初减食或不食，体温升高或正常，精神不振，腰背拱起，四肢无力，走路摇摆，经常出现持续性下痢，粪便时干时稀，呈淡黄色、黄褐色或绿色，恶臭，有时混有血液，严重时，肛门失禁。由于持续下痢，病猪日渐消瘦、衰弱，被毛粗乱无光，行走摇晃，最后极度衰竭而死亡。多在半个月以上死亡，有的甚至长达2个月，不死的病猪生长发育停滞，成为僵猪。

剖检急性病例，全身淋巴结肿大，紫红色，切面外观似大理石状，肝脏、肾脏、心外膜、胃、肠黏膜有出血点，病程稍长的病例，大肠黏膜有糠麸样坏死物。慢性病例，典型的病变是盲肠及结肠有浅平溃疡或坏死，周边呈堤状，中央稍凹陷，表面附有糠麸样假膜，多数病灶汇合而形成弥漫性纤维素性坏死性肠炎，坏死灶表面干固结痂，不易脱落。

【防治措施】

（1）加强饲养管理，保持圈舍干燥、卫生，喂给全价配合日粮，对1月龄以上的仔猪肌内注射仔猪副伤寒冻干弱毒疫苗预防。

（2）治疗时可根据药敏试验，选用新霉素、土霉素、复方新诺明、庆大霉素等药物。新霉素，每天每千克体重 10～15 毫克，每天 2 次，口服或肌内注射，或土霉素每千克体重 0.1 克，每天口服 2 次，连用 3～5 天；或内服复方新诺明，每千克体重 20～25 毫克，每天 2 次，连用 4～6 天，或内服痢特灵，每千克体重 20～40 毫克，每天 2 次，连用 3～5 天。

（3）对已发病的猪，隔离饲养，污染的猪圈可用 20％石灰乳或 2％氢氧化钠进行消毒；治愈的猪，仍可带菌，不能与无病猪群合养。

239. 怎样防治仔猪水肿病？

仔猪水肿病是由病原性大肠杆菌毒素引起仔猪的一种急性、致死性传染病。常发生于断奶前后，小至数日龄，大至 3～5 月龄也偶有发生，多以地方性流行或散发性出现。在同一窝内，最初患病的仔猪为生长快、体膘最好的，病猪几乎全部死亡。本病的发生与饲料和饲养方法的改变，以及饲料单一、缺乏矿物质和维生素等一些应激因素有关。

临床上最早通常突然发现 1～2 头体壮的仔猪出现精神委顿，减食或停食，病程短促很快死亡。多数病猪先后在眼睑、结膜、齿龈、脸部、颈部和腹部皮下出现水肿，严重的头顶甚至胸下部出现水肿。有的站立时弓背发抖，步态蹒跚，渐至不能站立，肌肉震颤，倒地四肢划动如游泳状，发出嘶哑的尖叫声，体温正常或偏低。病程短者数小时，一般 1～2 天内死亡，病死率可达 90％。

病理变化主要特征是各组织发生水肿，尤以胃壁肠系膜和体表某些部位的皮下水肿为最突出。眼睑及结膜较易见水肿。胃壁的大弯和贲门部水肿，黏膜层和肌层之间有一层胶冻样无色或淡红色水肿。

【防治措施】

（1）对已发病的仔猪无特异治疗方法，初期可口服盐类泻剂，以减少肠内病原菌及其有毒产物，同时可使用抑制致病性大肠杆菌的药物。可用氢化可的松注射液，每千克体重 3～5 毫克，肌内或静脉注射，或用地塞米松磷酸钠注射液，每千克体重 0.3～0.5 毫克，每天 2 次，选用其中一种药物即可。再加上下列药物同时治疗，每 5 千克体重内服 1 片双氢克尿塞，每天服 2 次；每 20 千克体重肌内注射磺胺-5-甲氧嘧啶注射液 10 毫升，每天 2 次；或每千克体重口服 1 片复方杆菌净，每天 2 次，经 2～3 次用药后，病状就会消失，当仔猪能站立，眼睑水肿已消失，则停止用药，并注意给足饮水。

（2）仔猪断奶时，要防止饲料和饲养方式的突变，避免饲料过于单纯或蛋白质过多，多喂些青饲料与矿物质，并在断奶前 1 周和断奶后 3 周，每头每天内服磺胺甲嘧啶 1.5 克，可预防本病发生。

240. 怎样防治猪气喘病？

猪气喘病是由猪肺炎支原体引起的一种接触性慢性呼吸道传染病。病猪可通过咳嗽、喘气、打喷嚏等排出病原，散布于空气中，如被健康猪吸入即引起传染而发病。大小猪均有易感性，其中哺乳仔猪及幼猪最容易发病，其次是怀孕后期及哺乳母猪。新疫区常呈暴发性流行，发病率与死亡率均较高。

发病猪主要病状为咳嗽、气喘。病初为短声连咳，特别是在早晨出圈后遇到冷空气的刺激，或经驱赶或喂料前后最容易听到，同时流出大量清鼻液，病重时流灰白色黏性或脓性鼻液。中期出现气喘，呼吸次数增加，每分钟可达 60～80 次，呈明显的腹式呼吸。体温一般正常，食欲无明显变化。后期，气喘加重，发生哮鸣声，甚至张口喘气，呈犬坐姿势；同时精神不振，猪体消瘦，不愿走动。饲养条件好时，可以康复，但仔猪发病后死亡率较高。

剖检可见肺脏显著增大，两侧肺叶前缘部分发生对称性实变。实变区呈紫红色或深红色，压之有坚硬感觉，非实变区出现水肿、气肿和瘀血，或者无显著变化。

【防治措施】

（1）加强饲养管理，实行科学喂养，增强猪体的抗病能力和康复力。提倡自繁自养，不从疫区引入猪，新购进的猪要加强检疫，进行隔离观察，确认无病后，方可混群饲养。疫苗预防可用猪气喘病弱毒疫苗，免疫期在 4 个月以上，保护率70％～80％。有条件的，可培育无病原菌的种猪，建立无喘气病的健康猪场。

（2）对发病猪进行严格隔离治疗，被污染的猪舍、用具等，可用2％火碱水或20％草木灰水喷雾消毒。

（3）治疗病猪可选用硫酸卡那霉素，每千克体重3万～4万单位，肌内注射，每天1次，连续5天为一疗程。如果与土霉素交互注射，可提高疗效，防止抗药性。盐酸土霉素，每天每千克体重30～40毫克，用灭菌蒸馏水或0.25％普鲁卡因或4％硼酸溶液稀释后肌内注射，每天1次，连续5～7天为一疗程。猪喘平，每千克体重2万～4万单位肌内注射，每天1次，5天为一疗程。治喘灵，每千克体重0.4～0.5毫升，颈部肌肉深部注射，5天1次，连用3次。

241. 怎样防治猪链球菌病？

猪链球菌病是致病性链球菌感染而引起的一些疾病的总称。急性型常为出血性败血症和脑炎，慢性型则以关节炎、心内膜炎及组织化脓性炎症为特点。一年四季均可发生，但以5～11月发生较多，大小猪均能感染，但其中以架子猪和怀孕母猪发病率高。

病型根据病程可分为急性败血型、脑膜脑炎型、关节炎型、淋巴结脓肿型等几种类型。

急性败血型：多突然发生，体温升高到40～42℃，精神沉郁，食欲减退，全身症状明显。有脑膜炎症状的表现为惊厥，震颤，圆圈运动或卧倒四肢摆动。

关节炎型：症状的表现为一肢或几肢关节肿胀、疼痛，肢体软弱，行动摇摆，步态僵硬，跛行，重者不能站立。

淋巴结脓肿型：多见下颌淋巴结、咽部和颈部淋巴结肿胀，有热痛，根据发生部位不同可影响采食、咀嚼、吞咽和呼吸。扁桃体发炎时体温可升高到41.5℃以上。

部分病例也有腹泻，血尿，皮肤点状或斑状出血等。

剖检败血型主要为出血性败血症病变和浆膜炎，体表有局限性化脓性肿胀，全身淋巴结肿大、出血；心内膜出血，脾脏肿大、出血，胃黏膜充血、出血，有溃疡。脑膜脑炎型，脑膜充血、出血。少数脑膜下有积液，脑切面可见白质和灰质，有小点出血，骨髓也有类似症

状。心包、胸腔、腹腔有纤维素性炎症变化。

【防治措施】

（1）加强饲养管理，注意环境卫生，经常对可能污染的环境、用具消毒，及时淘汰病猪。健康猪可用猪链球菌弱毒活菌苗接种。

（2）治疗时可选用青霉素，每千克体重3 000～4 000单位，肌内注射，每天2次，连续3～5天。土霉素口服，每千克体重0.05～0.1克，每天分2次。磺胺嘧啶，日剂量为每千克体重80毫克，分3次口服，连服5天。以上药物如能两种药物联合或交叉应用，则效果更好。但必须坚持连续用药和给足药量，否则易复发。

（3）对于病猪体表脓肿，初期可用5％碘酊或鱼石脂软膏外涂，已成熟的脓肿，可在局部用碘酊消毒后，用刀切开，将浓汁挤尽后，撒些消炎粉。

242.　怎样防治猪破伤风？

猪破伤风俗称"锁口风""脐带风"等，是由破伤风梭菌所引起的一种人畜共患创伤性传染病，其特征是病猪对外界刺激的反射兴奋性增高，肌肉持续性痉挛。在自然感染时，通常是由小而深的创伤传染而引起，仔猪常在去势后发生。

初发病时局部肌肉或全身肌肉呈轻度强直，行动不便，吃食缓慢。接着四肢僵硬，腰部不灵活，两耳竖立，尾部不活动，瞬膜露出，牙关紧闭，流口水，肌肉发生痉挛。当强行驱赶时，痉挛加剧，并嘶叫，卧地不能起立，出现角弓反张或偏侧反张，很快死亡。

【防治措施】

（1）预防本病发生主要是避免引起创伤，如发生外伤立即消毒伤口，同时可注射破伤风明矾类毒素或破伤风抗毒素预防。

（2）治疗破伤风时，首先对感染创伤进行有效的防腐消毒，彻底清除脓汁、坏死组织等，并用3％过氧化氢、2％高锰酸钾或5％碘酊消毒创伤。初期可皮下或静脉注射破伤风抗毒素5 000～20 000国际单位。如病情严重，可用同样剂量重复注射一次或数次。为清除病菌繁殖，初期可注射青霉素或磺胺类药物。

243. 怎样防治猪钩端螺旋体病？

猪钩端螺旋体病是由钩端螺旋体引起的一种人畜共患的传染病，在家畜中感染率较高，但发病率较低，主要通过皮肤、黏膜和经消化道传染。每年以 7～10 月为流行的高峰期。

病猪临床症状表现形式多样，主要有发热、黄疸、血红蛋白尿、出血性素质、流产、皮肤和黏膜坏死、水肿等。

急性型（黄疸型）：多发生于大猪和中猪，呈散发性。病猪体温升高，厌食，皮肤干燥，常见病猪在墙壁上摩擦皮肤至出血，1～2 天内全身皮肤或黏膜泛黄，尿呈浓茶样或血尿。病后数日，有时数小时内突然惊厥而死亡。

亚急性和慢性型：多发生在断奶前后，体重 30 千克以下的仔猪，病初有不同程度的体温升高，眼结膜潮红，食欲减退，几天后眼结膜有的潮红浮肿，有的泛黄，有的苍白浮肿。皮肤有的发红、瘙痒，有的轻度泛黄，有的头颈部水肿，尿呈茶样至血尿。病猪逐渐消瘦，病程由十几天至一个多月不等，致死率 50%～90%。怀孕猪有 20%～70% 发生流产。

剖检可见皮肤、皮下组织、浆膜和黏膜有黄液，胸腔和心包有黄色积液。心内膜、肠系膜、膀胱黏膜出血。肝脏肿大、棕黄色。膀胱内积有血样尿液，肾脏肿大，慢性者有散在的灰白色病状。水肿型病例，可见头颈部出现水肿。

【防治措施】

（1）当猪群发现本病时，立即隔离病猪，消毒被污染的水源、场地、用具，清除污水和积粪。消灭场内老鼠。及时用钩端螺旋体病多价菌苗进行紧急预防接种。接种量，体重 15 千克以下为 3 毫升，体重 15～40 千克为 5 毫升，体重 40 千克以上为 8～10 毫升，皮下或肌内注射。

（2）对症状轻微的病猪治疗时，可用链霉素，每千克体重 15～25 毫克，肌内注射，每天 2 次，连用 3～5 天。庆大霉素，每千克体重 15～30 毫克，口服或肌内注射，每天 1 次，连用 3～5 天。

（3）在猪群中发现感染，应全群治疗，每千克饲料加入土霉素0.75～1.5克，连喂7天，可解除带菌状态和消除一些轻型症状。

（4）对急性、亚急性病例，在病因疗法的同时结合对症疗法，其中以葡萄糖维生素C静脉注射及强心利尿剂的应用，对提高治愈率有重要作用。

244. **怎样防治猪渗出性皮炎？**

猪渗出性皮炎是由猪葡萄球菌引起，主要发生于哺乳仔猪和刚断奶仔猪的一种急性和超急性感染。猪葡萄球菌为革兰氏阳性、条件致病菌，常寄居于猪的皮肤、黏膜上，当机体的抵抗力降低或皮肤、黏膜破损时，病菌便乘虚而入，导致发病。

一般多发生于仔猪，猪只突然发病，先是仔猪吻突及眼睑出现点状红斑，后转为黑色，接着全身出现油性黏性滑液渗出，气味恶臭，然后黏液与皮屑、污物一起干燥结块贴于皮肤上形成黑色痂皮，外观像全身涂上一层煤烟，手触之黏手如接触油脂样感觉，故称之为"油皮病"。之后病情更加严重，有的仔猪不会吮乳，有的出现四肢关节肿大，不能站立，全身震颤，有的出现皮肤增厚、干燥、龟裂、呼吸困难、衰弱、脱水、败血死亡。患猪常出现全身性皮炎，并可导致脱水和死亡。

剖检病猪全身黏胶样渗出，恶臭，全身皮肤形成黑色痂皮，肥厚干裂，痂皮剥离后露出桃红色的真皮组织，体表淋巴结肿大，输尿管扩张，肾盂及输尿管积聚黏液样尿液。

【防治措施】

（1）本病的预防应注意搞好圈舍卫生，母猪进入产房前应先清洗、消毒，然后进入清洁、消毒过或熏蒸过的圈舍。母猪产仔后10日龄内应进行带猪消毒1～2次。

（2）接生时修整好初生仔猪的牙齿，断脐、剪尾都要严格消毒，保证围栏表面不粗糙，采用干燥、柔软的猪床等能降低发病率。对母猪和仔猪的局部损伤立即进行治疗，有助预防本病的发生。

（3）一旦发病应迅速隔离病猪，尽早治疗。皮肤有痂皮的仔猪用

45℃的0.1%高锰酸钾水或1∶500的百毒杀浸泡5～10分钟，待痂皮发软后用毛刷擦拭干净，剥去痂皮，在伤口涂上复方水杨酸软膏或新霉素软膏。对于脱水严重的病猪应及早用葡萄糖生理盐水或口服补液盐补充体液，并保证患猪清洁饮水的供应。没有条件进行药敏试验的偏远地区猪场可尝试应用青霉素、三甲氧苄二氨嘧啶、磺胺或林可霉素、壮观霉素等抗生素肌内注射，连用3～5天。

245. 怎样防治猪坏死杆菌病？

猪坏死杆菌病是由坏死杆菌引起的以患病组织的坏死液化为特征的一种传染病，常继发于其他感染或创伤之后。猪舍潮湿，护蹄不良，仔猪牙齿生长过度而引起母猪乳头损伤等都是诱发本病的因素。病的潜伏期为1～3天。

猪的坏死杆菌病，按发病的部位不同临床上分4种类型。

（1）**坏死性口炎** 在唇、舌、咽、齿龈等黏膜和附近的组织发生坏死，有恶臭，同时病猪食欲消失，全身衰弱，经5～20天死亡。

（2）**坏死性鼻炎** 在鼻软骨、鼻骨、鼻黏膜表面出现溃疡与化脓。病变可延伸到支气管和肺脏。

（3）**坏死性皮炎** 坏死灶可发生于哺乳仔猪身体的任何部位，有时发生尾巴脱落现象。

（4）**坏死性肠炎** 胃肠黏膜有坏死性溃疡，病猪出现腹泻、虚弱、神经症状，死亡的居多。

剖检病程短与病势轻的猪，内脏没有明显的病变，但病程长与病势严重的猪，可见肝脏硬变，肾脏包膜不易剥离，膀胱黏膜肥厚，口腔及胃黏膜有纤维坏死性炎症，肠黏膜上更为严重。

【防治措施】

（1）发现病猪，及时隔离，受污染的用具、垫草、饲料等，要进行消毒或烧毁。注意保持猪舍干燥，粪便应进行发酵处理。

（2）治疗时，对坏死性皮炎，可先用0.1%高锰酸钾或2%煤酚皂或3%双氧水冲洗患部，彻底清除坏死组织，然后选用任何一种方法治疗：撒消炎粉于创面；涂擦10%甲醛溶液，直至创面呈黄白色；涂擦高锰酸钾粉；将烧开的植物油趁热灌入创内，隔天1次，连用2～3次。对坏死性口炎，先用高锰酸钾溶液洗涤口腔，然后可选用任何一种药物涂擦口腔：碘甘油；5％龙胆紫，每天2次，直至痊愈。

对坏死性肠炎宜口服抗生素或磺胺类药物。

246. 养猪为什么要定期驱虫？

目前养猪仍有采用喂生料，加上猪经常在地面上拱食，尤其是农村散养和放牧的猪，很容易感染寄生虫，导致猪食欲不振，烦躁不安，拱栏翻圈，吃得多长得慢，或逐渐消瘦，影响养猪的经济效益。所以养猪必须定期 进行驱虫，一般在体重20千克左右和60千克左右时各驱虫一次。母猪应每年驱虫3～4次。

247. 猪常见的寄生虫有哪些？各有什么危害？

能引起猪发病的寄生虫很多，通常分为体内寄生虫和体外寄生虫两种。体内寄生虫主要包括蛔虫、线虫和丝虫等，体外寄生虫主要包括蜱、螨（猪疥螨）及虱和蚤等。

不同的寄生虫对于猪只造成的危害也不同。通常情况下，体内寄生虫会与猪只争夺营养，使得饲料利用率降低，导致患寄生虫疾病的猪极度消瘦，逐渐形成僵猪。成虫穿入肝实质的小胆管中，造成胆管阻塞，严重者阻塞肠道，撑破肠道使肠内容物外漏，导致猪死亡。寄生虫移行明显加剧流感、病毒性肺炎、立克次氏体、血样腹泻、痢疾等病的危害。

而体外寄生虫，由于吸食血液刺激皮肤，产生痒感，猪不停地啃咬痒部或躁动不安，在物体上摩擦造成皮肤出血与结痂、脱皮等皮肤损伤，引发渗出性皮炎。另外，体外寄生虫还传播各种疾病，如附红细胞体、支原体、衣原体、螺旋体和各种细菌、病毒病等。

不管是猪只体内寄生虫还是体外的寄生虫，它们在致病过程中所产生的症状及危害都是渐进、缓慢的，一般不会像细菌性、病毒性疾病那样快速、突然。但是寄生虫感染对养猪业的经济效益影响极大，因此有人把寄生虫称作是养猪业利润的"隐形杀手"。

248. 怎样防治猪蛔虫病？

猪蛔虫病是由猪蛔虫寄生在猪的小肠中而引起的一种常见的寄生虫病。其流行和分布极为广泛，3～6个月龄的小猪最易感染。当猪感染后，生长发育不良，甚至可引起死亡。一般都是因猪吞食被具有感染性蛔虫卵污染的饲料或饮水而引起发病。

成年猪抵抗力较强，故一般无明显症状。对仔猪危害严重，当幼虫侵袭肺脏而引起蛔虫性肺炎时，主要表现体温升高，咳嗽，呼吸喘急，食欲减退及精神倦怠等症状，在成虫大量寄生时常引起小肠阻塞，猪体消瘦，贫血，生长发育不良。有时虫体钻入胆管，阻塞胆道，引起腹痛和黄疸。成虫产生的毒素可作用于中枢神经系统，引起神经症状，如阵发性痉挛，兴奋和麻痹，还可引起荨麻疹等。

剖检病猪，虫体寄生少时，一般无显著病理变化。如多量感染时，在初期多表现肺炎病变，肺脏的表面或切面出现暗红色斑点。由于幼虫的移行，常在肝脏上形成不定形的灰白色斑点及硬变。如蛔虫钻入胆管，可在胆管内发现虫体；如有大量成虫寄生于小肠时，可见肠黏膜卡他性炎症；如由于虫体过多引起肠阻塞而造成肠破裂时，可见到腹膜炎和腹腔出血。

【防治措施】

（1）定期驱虫，在仔猪1月龄、5～6月龄和11～12月龄时分期选用左旋咪唑，每千克体重10克拌入饲料中一次投喂，每天一次，连用2天。母猪可于临产前一个月左右进行一次驱虫，以保护仔猪受感染。

（2）保持栏舍清洁干燥，猪粪要勤清除，堆积发酵后以消灭蛔虫卵。

（3）治疗时可选用精制敌百虫，按每千克体重0.1克（总剂量不超过7克），溶解后拌入少量饲料内，一次投喂；左旋咪唑，每千克体重10毫克，拌入饲料喂服，或用5%注射液，每千克体重3～5毫

克，皮下或肌内注射，每天 1 次，连用 2 天；丙硫咪唑，每千克体重 15 毫克，拌料一次喂服，效果很好。

249. 怎样防治猪肺丝虫病？

猪肺丝虫病是由后圆线虫寄生在猪的支气管和细支气管里的一种蠕虫病。对猪的危害较大，常引起支气管炎，甚至肺炎，且易并发猪肺疫、猪喘气病等肺部传染病。常呈地方性流行，多因猪吃食含有感染性幼虫的蚯蚓而感染。

仔猪感染 1 个月后主要发生咳嗽，尤其是在早、晚运动或遇到外界温度变化时咳嗽明显。有时鼻孔流出脓性黏液，眼有分泌物，病猪食欲一般正常，但生长发育停滞，逐渐消瘦。严重时出现呕吐、腹泻、呼吸困难，并有强烈的阵咳。体温间或升高，贫血，黄疸，极度衰弱，最终因衰竭死亡。

剖检支气管末端，内部有大量虫体，呈棉絮状，肺叶表面有局限性气肿，有时可引起支气管破裂。

【防治措施】

（1）加强饲养管理，猪舍及运动场地要经常打扫，注意排水和保持清洁、干燥，粪便堆积发酵，有条件的猪场，猪圈及运动场可铺设水泥，以防止猪吃到蚯蚓，并可杜绝蚯蚓的孳生。

（2）在肺丝虫流行地区要进行定期预防性驱虫，仔猪在生后 2~3 个月龄时驱虫一次，以后每隔 2 个月驱虫一次。

（3）治疗病猪可选用左旋咪唑，每千克体重 7 毫克，一次口服或肌内注射。对肺炎严重的猪，应在驱虫的同时，连用青霉素 3 天。伊维菌素，每千克体重 0.2 毫克，皮下或肌内注射，一次见效。丙硫苯咪唑，每千克体重 10~15 毫克，混入饲料口服。

250. 怎样防治猪囊尾蚴病？

猪囊尾蚴病又叫猪囊虫病、米猪肉或豆猪肉。是由于人的有钩绦虫的幼虫（猪囊尾蚴）寄生于猪的肌肉组织中所引起，是一种为害严重的人畜共患病。

有钩绦虫寄生在人的小肠内，随粪便排出的孕节或虫卵，被猪吞食进入胃内，六钩蚴从卵中逸出，钻进肠壁，进入血流而达猪体各部。到达肌肉后，停留下来开始发育，经 2～4 个月形成包囊。人如果吃了生的或未煮熟的含有囊尾蚴的猪肉，即可感染有钩绦虫。

猪囊尾蚴少数寄生猪体时，症状不显著。若眼睑、结膜下、舌部有寄生时，可见到局部肿胀。若舌有多数虫体寄生时，发生舌麻痹。咬肌寄生量多时，病猪面部增宽，颈部显得短。肩周部寄生量大时，出现前宽后窄。咽喉部受侵时，病猪叫声嘶哑，吞咽困难。脑部有寄生时，出现疼痛、狂躁、四肢麻痹等神经症状。

【防治措施】

（1）避免猪吃食人粪。人粪要经过发酵处理后再作肥料；加强市场屠宰检验，禁止出售带有囊尾蚴的猪肉；有成虫寄生的病人要进行驱虫治疗，杜绝病原的传播。

（2）要加强农贸市场的兽医卫生检验，不准出售患囊尾蚴的猪肉，接触过该病猪肉的手或用具要洗净，以防人感染猪带绦虫。

（3）目前对病猪尚无确实的治疗方法。据报道，病猪用吡喹酮，每千克体重 0.2 克，口服，或用液体石蜡与该药配成 10％的注射液，每千克体重 0.1 克，肌内注射，或用氟苯哒唑，每千克体重 8.5～40 毫克，口服，每天 1 次，连续 10 天，效果较好。

251. 怎样防治猪弓形虫病？

弓形虫病是一种原虫引起的人畜共患的寄生虫病。病原体是龚地弓形虫，在猪呈急性、慢性或不显性感染。一年四季均可发生，2～4 月龄的猪发病率和死亡率较高，在新发病地区往往是大规模突然暴发流行，大小猪均可感染发病，死亡率可达 20％～50％。人工接种的潜伏期为 3～7 天。

急性感染时，猪病可出现高热，流鼻汁，眼结膜充血，有眼眵，体表发红，趾端和耳端发紫，腹泻等，并逐渐消瘦。有的出现癫痫发作，呕吐，全身不适，震颤，麻痹，不能起立等神经症状。病的后期体温急剧下降而死亡。病程一般 7～10 天。在暴发流行时，患病的怀孕母猪往往发生流产。

剖检病程后期的猪体表各部位，尤其是下腹部、下肢、耳朵、尾部出现不同程度的淤血斑或暗紫红色斑块，最特征的内部病变是在肺脏、淋巴结和肝脏，其次是脾脏、肾脏、胃等脏器。急性死亡病例，主要可看到肺脏水肿，肝脏、脾脏肿大，有点状出血，多发性坏死，淋巴结，特别是肺门、胃门、肝门及肠系膜淋巴结肿大、出血、坏死等。

【防治措施】

（1）保持圈舍清洁卫生，定期清毒，场内禁止养猫，经常开展灭蝇、灭鼠工作；母猪流产的胎儿及排泄物要就地深埋。

（2）治疗时用磺胺二甲基嘧啶或磺胺嘧啶，日剂量是每千克体重 100 毫克，分两次内服（间隔 1～2 小时）。其他如磺胺甲氧嘧啶、制菌磺胺、甲氧苄嘧啶和制菌净等药物均有疗效。

252. 怎样防治猪肾虫病？

猪肾虫病是由有齿冠尾线虫的成虫寄生于猪的肾盂、肾周围脂肪和输尿管壁处而引起的一种线虫病。呈地方性流行，可造成大批猪死亡。

猪感染肾虫后最初出现皮肤炎症，有丘疹和红色结节，体表淋巴结肿大，食欲减退，精神委顿，消瘦，贫血，被毛粗乱无光泽，行动迟缓。随后渐渐呈现后肢无力、跛行，走路时左右摇摆，喜躺卧。尿液中常有白色环状物或脓液，有的后躯麻痹或后肢僵硬，不能站立，拖地爬行。仔猪发育停滞；母猪不孕或流产；公猪性欲降低，失去配种能力。严重时病猪多因极度衰弱而死亡。

剖检尸体消瘦，皮肤上有丘疹或结节，肝脏内有包囊和脓肿，内含幼虫。肝脏肿大、变硬，结缔组织增生，切面上可看到幼虫钙化的结节。肾盂有脓肿，结缔组织增生。输尿管壁增厚，常有数量较多的包囊，内有成虫。

【防治措施】

（1）加强饲养管理，搞好栏舍及运动场地的卫生，经常用 20%
石灰乳或 3%～4% 漂白粉水溶液消毒。新购入的猪应进行检疫，隔
离饲养，防止该病传播。

（2）治疗病猪可选用左旋咪唑，每千克体重 10 毫克，内服或每
千克体重 4～5 毫克，肌内注射，每天 1 次，连用 7 天。四氯化碳，
每千克体重 0.25 毫升，与等量液体石蜡混合，在颈部、臀部分点深
部肌内注射，每隔 15～20 天重复注射 1 次，连用 6～8 次，对于杀死
幼虫效果更好。丙硫咪唑，每千克体重 15 毫克，拌料 1 次内服，每
天 1 次，连用 7 次。

253. 怎样防治猪旋毛虫病？

猪旋毛虫病是旋毛虫的成虫寄生于肠管及其幼虫寄生于横纹肌内
所引起的一种寄生虫病。人、猪、犬、猫、鼠、牛、羊、马等动物均
可感染。猪主要是吃了含有肌肉旋毛虫的肉屑或鼠类而感染。人感染
是由于食入生的未煮熟的含旋毛虫包囊的猪肉而引起。故肉品卫生检
验中将旋毛虫列为首要项目。

猪有严重感染时，才会出现临床症状。在感染后 3～7 天体温升
高，腹泻，有时呕吐，患猪消瘦，以后（幼虫进入肌肉引起肌炎）出
现肌肉僵硬和疼痛，呼吸困难，声音嘶哑，有时还出现面部浮肿、吞
咽困难等症状。有时眼睑和四肢水肿。死亡较少，多于 4～6 周康复。

剖检可在肌肉旋毛虫常寄生的部位如膈肌、舌肌、喉肌、肋肌、
胸肌等处找到细针尖大小、未钙化的包囊，呈露滴状，半透明，较肌
肉的色泽淡，以后变成乳白色、灰白色或黄白色。钙化后的包囊为长
约 1 毫米的灰色小结节。

【防治措施】

（1）加强屠宰卫生检验，不吃生猪肉，捕灭饲养场内的老鼠，焚
烧老鼠尸体。猪只不放牧，防止接触动物尸体和一些昆虫。

（2）治疗病猪可选用丙硫咪唑，每千克体重 10 毫克，一次口服。
噻苯咪唑，每千克体重 60 毫克，一次口服，连用 5～10 天。氟苯咪

唑,以 125 毫克/千克的浓度拌料,连喂 10 天。

254. 怎样防治猪疥癣病?

疥癣病又叫螨病,俗称疥疮、癞、癞皮病。是由疥癣虫寄生在猪的皮肤内所引起的一种慢性皮肤寄生虫病,5 月龄以内的仔猪最易感染。

病猪皮肤发炎、奇痒,通常从头部开始,并逐渐扩展至腹部及四肢,甚至全身。由于剧痒,猪常在墙角、圈门、栏柱等物体上擦痒,经常擦出血来,以至皮肤粗糙、肥厚、落屑、皲裂、污秽不堪等,最后病猪食欲不振,营养减退,身体消瘦,甚至死亡。

【防治措施】

(1) 猪圈要保持干燥,光线充足,空气流通,经常刷拭猪体,猪群不可拥挤,并定期消毒栏舍。新购进的猪应仔细检查,经鉴定无病时,方可合群饲养。

(2) 发现病猪及时隔离治疗,可用 0.5%～1% 敌百虫水溶液,或速灭杀丁、敌杀死等药物,用水配成万分之二的浓度,直接涂擦、喷雾患部,隔 2～3 天一次,连用 2～3 次。或用烟叶或烟梗 1 份,加水 20 份,浸泡 24 小时,再煮 1 小时,冷却后涂擦患部。也可用柴油下脚料或废机油涂擦患部。或硫黄 1 份,棉粉油 10 份,混均匀后涂擦患部,连用 2～3 次。

255. 怎样防治猪虱病?

猪虱病是猪虱寄生于猪体表而引起的寄生虫病。猪虱多寄生于猪的耳朵周围、体侧、臀部等处,严重时全身均可寄虫。由于猪虱体形较大,肉眼容易看见,其卵呈长椭圆形、黄白色,黏着于被毛上。

猪虱成虫叮咬吸血,刺激皮肤,常引起皮肤发炎,出现小结节。患猪经常搔痒和摩擦,造成被毛脱落,皮肤损伤。幼龄仔猪感染后,病状比较严重,常因瘙痒不安,影响休息、食欲,甚至影响生长发育。

【防治措施】

（1）加强饲养管理，经常刷梳猪体，保持清洁干净。猪舍要经常打扫、消毒，保持通风、干燥。垫草要勤换、常晒，对猪群要定期检查，发现有虱病者，应及时隔离治疗。

（2）杀灭猪虱可选用2％敌百虫水溶液涂于患部或喷雾于体表患部，或烟叶1份，水90份，煎成汁涂擦体表；或将鲜桃树叶捣碎，在猪体表抹擦数遍。

256. 什么叫僵猪？怎样使僵猪脱僵？

僵猪又称小老猪。在猪生长发育的某一阶段，由于遭到某些不利因素的影响，使猪长期发育停滞，虽然饲养时间较长，但体格小，被毛粗乱，极度消瘦，形成两头尖、中间粗的"刺猬猪"。这种猪吃得少，长得慢，或者只吃不长，给养猪生产带来很大损失。

造成僵猪的原因，一是由于母猪在妊娠期饲养不良，母体内的营养供给不能满足胎儿生长发育的需要，致使胎儿发育受阻，产生初生重很小的"胎僵仔猪"；二是由于母猪在泌乳期由于饲养不当，泌乳不足，或对仔猪管理不善，如初生弱小的仔猪吸吮干瘪的乳头，致使仔猪发生"奶僵"；三是由于仔猪长期患寄生虫病及代谢性疾病，形成"病僵"；四是由于仔猪断奶后饲料单一、营养不全，特别是缺乏蛋白质、矿物质和维生素等营养物质，导致断奶后仔猪长期发育停滞而形成"食僵"。

【防治措施】

（1）加强母猪妊娠后期和泌乳期的饲养管理，保证仔猪在胎儿期能获得充分发育，在哺乳期能吃到较多营养丰富的乳汁。

（2）合理给哺乳仔猪固定乳头，提早补料，提高仔猪断奶体重，以保证仔猪健康发育。

（3）做好仔猪的断奶工作，做到饲料、环境和饲养管理措施三个逐渐过渡，避免断奶仔猪产生各种应激反应。

（4）搞好环境卫生，保证母猪舍温暖，干燥，空气新鲜，阳光充足。做好各种疾病的预防工作，定期驱虫，减少疾病。

【脱僵措施】

（1）发现僵猪及时分析致僵原因，排除致僵因素，单独培养，加强管理，驱虫治病，改善营养，加喂饲料添加剂，促进机体生理机能的调节，恢复正常的生长发育。

（2）在僵猪的日粮中，加喂 0.75%～1.25% 的土霉素，连喂 7天，待发育正常后加 0.4%，每月 1 次，连喂 5 天，适当增加动物性饲料和健胃药，以达到宽肠健胃，促进食欲，增加营养的目的。并加倍使用复合维生素添加剂、微量元素添加剂、生长促进剂和催肥剂，促使僵猪脱僵，加速催肥。

257. 怎样防治猪亚硝酸盐中毒？

各种青菜含有大量的硝酸盐，在蒸煮不透或煮焖在锅内未揭盖，温度在 40～60℃ 的时间放置过久，致使硝酸盐转变为有剧毒的亚硝酸盐。若将青菜堆积过久、腐败，在细菌的作用下，其中硝酸盐也能还原为亚硝酸盐。猪吃了这些青饲料会很快发病死亡。

患猪食后 10～30 分钟突然发病，表现狂躁不安，呕吐流涎，呼吸困难，心跳加快，走路摇摆，乱撞，全身震颤，转圈。黏膜及腹部皮肤初期为灰白色，后变为紫色，四肢及耳发凉，体温下降，倒地痉挛，口吐白沫，如不及时抢救，很快死亡。

剖检白猪皮肤苍白或青灰色，血液呈紫黑色，如酱油状，凝固不良。病程稍长的可见胃底部、幽门处和十二指肠黏膜有充血、出血。

【防治措施】

（1）青饲料要新鲜喂，不要蒸煮。必须蒸煮时，应迅速烧开即揭开锅盖，不要焖在锅里过夜。青饲料不要堆起来，若一时吃不完，可摊开或架空挂起。

（2）对中毒病猪治疗时可用 1% 美蓝溶液，以每千克体重 1 毫升静脉或腹腔注射（对仔猪）。也可以配合 5% 葡萄糖或葡萄糖盐水，静脉注射。口服或注射大剂量的维生素 C，也有效果。

258. 怎样防治猪氢氰酸中毒？

高粱和玉米幼苗、亚麻叶、亚麻饼、桃仁、李仁、杏仁等都含有大量的氰苷类物质。猪吃了含有大量氰苷类物质的饲料后，在体内经酶的水解作用，这些氰苷类物质转化为剧毒的氢氰酸，使猪中毒。

患猪常于饮食后10~20分钟突然发病，表现呼吸困难，张嘴伸颈、瞳孔放大、流涎。病猪时起时卧，极度不安，呼出气有苦杏仁味。有时呈犬坐姿势，有时旋转、呕吐。可视黏膜鲜红，初期有短暂的兴奋，很快转为抑制，最后四肢强直性痉挛，牙关紧闭，眼球震颤，窒息而死亡。

剖检血液鲜红，凝固不良，尸体不易腐败，胸腹腔和心包内有浆液性渗出物。胃肠黏膜和浆膜出血，胃内容物有苦杏仁味。

【防治措施】

（1）不在含有氰苷类植物的地区放牧，用含有氰苷类的饲料喂猪时要限量，最好是放于水中浸泡24小时或漂洗后再喂。

（2）对中毒病猪治疗，可先应用1%的硫酸铜50毫升或吐根酊1~5毫升，催吐后再用0.1%高锰酸钾溶液反复洗胃。静脉注射5%亚硝酸钠溶液0.1~0.2克，随后再注射10%~20%硫代硫酸钠30~50毫升及5%维生素C 2~10毫升；或1%美蓝溶液，每千克体重1毫升静脉注射。

259. 怎样防治猪棉籽饼中毒？

棉籽饼虽富有蛋白质，但它含有一种有毒物质——棉酚，若长期大量用棉籽饼喂猪，则会引起中毒。妊娠母猪和仔猪对棉籽毒素特别敏感，母猪长期或大量饲喂未经去毒处理的棉籽饼，不仅会引起哺乳母猪中毒，而且通过乳汁还会引起仔猪中毒。

猪棉籽饼中毒后，主要表现饮、食欲减退或废绝，粪便黑褐色，先便秘后腹泻，粪便中多混有黏液和血液。皮肤颜色发绀，尤其以耳尖、尾部明显。后肢软弱无力，走路摇摆，发抖，心跳加快，呼吸迫促，有浆液性鼻液，结膜暗红，有黏性分泌物。肾炎，尿血。血红蛋白和红细胞减少，出现维生素 A 缺乏症状，眼炎、夜盲症或双目失明，妊娠母猪发生流产。严重者在出现症状后不久即死亡。

剖检胃肠黏膜有弥漫性水肿，小肠呈卡他性炎症，并有出血斑点，肠系膜肿大，充血，胸腔、腹腔有红色渗出液，气管内有血样泡沫液，肾脏可见肿大和出血。

【防治措施】

（1）未经处理的棉籽饼喂猪要限制用量，母猪日粮中添加量不得超过 5％，生长育肥猪日粮添加量不超过 10％，一般饲喂 1 个月后停喂 1 个月，或喂半个月停半个月。妊娠母猪、幼猪及种猪，尽可能少喂，最好不喂。一旦发生中毒，立即停止饲喂棉籽饼，改喂其他饲料，尤其是多喂些青绿多汁饲料。

（2）合理调配饲料，用棉籽饼饲喂猪时日粮营养要全面，特别要注意保证蛋白质、维生素及矿物质的供给，可采取棉籽饼与豆饼等量配合使用，或棉籽饼与动物蛋白质饲料搭配起来，并多喂些青绿多汁饲料如胡萝卜等。

（3）治疗猪棉籽饼中毒时，可用 5％碳酸氢钠水溶液或 0.03％高锰酸钾溶液进行洗胃或灌肠，每次 1 000～3 000 毫升。胃肠炎不严重时，可内服盐类泻剂，如硫酸钠或硫酸镁 25～50 克；胃肠炎严重时，可使用消炎剂、收敛剂，如内服磺胺咪 5～10 克，鞣酸蛋白 2～5 克，1％硫酸亚铁溶液 100～200 毫升；为增强心脏功能，补充营养和解毒，可皮下或肌内注射安钠咖 5～10 毫升，静脉或腹腔注射 5％葡萄糖注射液 50～500 毫升。根据猪体的大小还可放血 200～300 毫升，然后用 25％葡萄糖酸溶液 100 毫升，生理盐水 500 毫升，安钠咖 5毫升，混合后一次静脉注射。

260. 怎样防治猪霉败饲料中毒？

饲料保管和贮存不善，如雨淋、水泡、潮湿、加工调制不当等，容易使饲料腐败变质，产生大量的有毒物质，如蛋白质的分解产物和细菌毒素等，当猪大量采食后会很快引起急性中毒。长期少量饲喂会引起慢性中毒。

　　猪中毒后，初期表现为精神不振，食欲减退，结膜潮红，鼻镜干燥，磨牙，流涎，有时发生呕吐。病情继续发展，食欲废绝，吞咽困难，腹痛拉稀，粪便腥臭，常带有黏液和血液，最后病猪卧地不起，失去知觉，呈昏迷状态，心跳加快，呼吸困难，全身痉挛，腹下皮肤出现红紫斑。初期体温常升高到 40～41℃，后期体温下降。慢性中毒时，表现为食欲减退，消化不良，猪体日益消瘦。妊娠母猪常引起流产，哺乳母猪乳汁减少或无乳。

【防治措施】

　　（1）禁止用霉败变质饲料喂猪，若饲料发霉轻而没有腐败变质，应经漂洗、暴晒、加热等方法处理后可少量饲喂。也可以在配制饲料时添加适量的脱霉剂。发现中毒后要立即停喂霉败饲料，改喂其他饲料，尤其是多喂些青绿多汁饲料。

　　（2）治疗时可采取排毒、强心补液、对症治疗等措施。如用硫酸钠或硫酸镁 30～50 克，一次加水内服；用 10％～25％葡萄糖溶液 200～400 毫升，维生素 C 10～20 毫升，10％安钠咖 5～10 毫升混合一次静脉注射或腹腔注射；用土霉素按每千克体重 0.03～0.05 克，肌内注射，每天 1～2 次；磺胺脒 1～5 克，加水内服，每天 2 次。

261. 怎样防治猪食盐中毒？

　　食盐是动物体内不可缺少的物质之一，但过量长期饲喂，又供水不足，或突然大量饲喂盐分过多的饲料（如咸菜、酱油渣、腌肉汤、菜卤等），都会引起中毒。

　　中毒后病猪表现极度口渴、厌食，有时呕吐，口腔黏膜发红，腹痛，下痢和便秘，多数病猪呈神经症状，眼失明，盲目直冲，或后退单向性转圈运动，头向后仰，痉挛，严重时呼吸困难，瞳孔放大，全身肌肉痉挛、抽搐，磨牙，心脏衰弱，最后卧地不起，昏迷死亡。

　　剖检主要病变在消化道，胃肠出血性炎症，在胃肠黏膜上有多处溃疡，脑脊髓各部有不同程度的充血和水肿，尤其是急性病例的脑软膜和大脑实质最为明显。

【防治措施】

(1) 严格控制猪每天的食盐饲喂量，一般大猪每头每天15克，中猪10克，小猪5克即可。利用酱油渣、鱼粉等含盐较多的饲料喂猪时，应与其他饲料合理搭配，一般不能超过饲料总量的10％，并注意给足饮水。

(2) 发现中毒后，应立即停喂含盐过多的饲料，并供给大量的清水或糖水，促进排盐和排毒，同时用硫酸钠30～50克或油类泻剂100～200毫升，加水一次内服；用10％安钠咖5～10毫升，0.5％樟脑水10～20毫升及利尿剂（加速尿），皮下或肌内注射，以强心、利尿、排毒。

262. 怎样防治猪黄曲霉毒素中毒？

猪黄曲霉毒素中毒是由于猪误食了被黄曲霉或寄生曲霉污染的含有毒素的花生、玉米、麦类、豆类、油粕等而引起。猪误食霉败饲料后1～2周即可发病。

急性病猪，多发生于2～4月龄、食欲旺盛、体质健壮的幼猪，常无明显的临床症状而突然倒地死亡。

亚急性病猪，体温多升高到40～41.5℃，精神沉郁，食欲减退或废绝，黏膜苍白，后躯衰弱，走路不稳，粪便干燥，直肠流血。有的猪发出呻吟或头抵墙壁不动。育成猪多取慢性经过，走路僵硬，食欲减退，发生异嗜和到处啃吃泥土、瓦砾、被粪尿污染的垫草等。病猪拱背、蜷腹，粪便干燥，兴奋不安，有的病猪眼、鼻周围皮肤发红，以后为蓝色。

剖检急性病猪，在胸、腹腔内可见大量出血，后腿前肩等处皮下及其他部位的肌肉处都能见到出血。肠道内有血液，肝脏浆膜部有针尖样或瘀斑样出血。心内膜与心外膜均有出血，偶见脾脏有出血性梗死。

【防治措施】

(1) 加强饲料管理，防止饲料发霉，严禁饲喂霉败饲料。轻度发霉（未腐败变质的），应先行粉碎，随后加清水（1：3）浸泡并反复换水，直至浸出水呈无色为止，然后再配合其他饲料饲喂。

（2）目前尚无特效解毒药物治疗，只能采取投服盐料泻剂，如硫酸镁、硫酸钠，静脉放血和补糖解毒保肝等对症治疗。

263. 怎样防治猪肉毒梭菌中毒症？

猪肉毒梭菌中毒是由于吃了含有肉毒梭菌所产生毒素的饲料等而引起的，主要是以运动器官迅速麻痹为特征的急性中毒症。

当猪采食了被肉毒梭菌毒素污染的饲料后 8～12 小时发病，病初肌肉软弱无力，渐渐发展为麻痹状态。主要表现为吞咽困难，流口水，视觉障碍，反射迟缓，行动困难；有的在地上爬，甚至伏卧地上不能起立；有的呼吸困难，皮肤发绀，最后窒息而死。

剖检一般无特异性变化，确诊必须检查饲料和尸体内有无毒素存在。

【防治措施】

（1）本病的疗效不佳，发病早期可试用多价肉毒抗毒素，并配合强心输液、镇静等对症疗法。平时须搞好环境卫生。

（2）不使猪接触到腐败尸体和腐烂食物，已经腐败的饲料不可喂猪，对病猪的粪便应及时清除，常发病的地区，可注射肉毒梭菌菌苗预防。

264. 怎样防治猪异嗜癖？

猪异嗜癖是由于多种原因引起的一种机能紊乱、味觉异常的综合征。主要是因为饲料单一，营养不全；日粮中缺乏某些物质和维生素、蛋白质和某些氨基酸以及食盐供给不足；钙磷比例失调，发生佝偻病和软骨病；慢性胃肠炎疾病、寄生虫病等而造成。

病猪表现为食欲减少，舔食各种异物，如啃吃泥土、石块、砖头、煤渣、烂木头、破布、尿碱、鸡屎等；舍饲育成猪相互咬对方的尾巴、耳朵，舔血。久之猪被毛粗糙，拱背，磨牙，消瘦，生长发育停滞；哺乳母猪泌乳减少，甚至吞食胎衣和仔猪。

仔猪佝偻病、骨软症和纤维性骨营养不良时，除上述病症外，还会出现特有的症状。

【防治措施】

（1）加强饲养管理，给予全价日粮，保证日粮各种营养充足，比例适当，多喂青草或青贮饲料，补饲谷芽、麦芽、酵母等富含维生素的饲料。

（2）发现病猪，应分析病因，及时治疗。单纯性异嗜癖，可试用碳酸氢钠、食盐或人工盐，每头每天 10～20 克。因日粮中缺乏蛋白质和某些氨基酸引起的，应在原日粮中添加鱼粉、血粉、肉骨粉和豆饼等；因缺乏维生素引起的，应增喂青绿多汁饲料和添加维生素；因佝偻病和软骨病引起的，应补充骨粉、碳酸钙、磷酸钙及维生素AD 等。

265. 怎样防治仔猪佝偻病？

仔猪佝偻病主要是由于饲料配合不当，饲料中钙磷和维生素 D 缺乏，或钙磷比例不适而引起软骨内骨化障碍性疾病。

病猪初期食欲减退，消化不良，发育缓慢，不愿起立和运动，有异嗜癖，病情继续发展，可见病猪走路摇摆，起卧困难，常呈犬坐姿势，严重时，面骨肿胀，后肢关节肿大与肿痛，长骨弯曲变形。

剖检骨骼变形，软骨增生，骨骼增大，骨髓呈红色胶冻样，关节面溃疡，易发生骨折。

【防治措施】

（1）饲喂富含维生素 D 和钙磷的饲料，多喂豆科的青绿饲料，在饲料中要补充骨粉、鱼粉。圈舍要保持清洁、干燥，光线充足，特别是大群饲养的猪更应注意多晒太阳。

（2）对病猪可用维胶性钙注射液，每千克体重 0.2 毫升，肌内注射，隔日一次。维生素 AD 注射液肌内注射 2～3 毫升，隔日 1 次。或喂鱼肝油 10 毫升，每天 2 次。同时，在饲料中适当增加贝壳粉、蛋壳粉、骨粉等，以补充钙磷的含量。

266. 怎样防治仔猪白肌病？

仔猪白肌病，是指仔猪骨骼肌发生变性、坏死，肌肉色淡、苍白，主要是由于饲料中缺乏微量元素硒和维生素 E 而引起的一种代谢性疾病。多发生于 1～2 月龄、营养良好、体质健壮的仔猪。

病猪主要表现食欲减少，精神沉郁，呼吸困难。病程较长的，表现后肢强硬，拱背，站立困难，前腿常呈跪立或犬坐姿势，严重者坐地不起，后躯麻痹。神经症状，表现如转圈运动，头向一侧歪等，呼吸困难，心脏衰弱，最后死亡。

剖检死亡病猪，可见其骨骼肌特别是后臀肌和腰、背部肌肉变性、色淡，有灰白色或灰黄色条纹。心包积液，心脏扩张，心肌变淡，有灰白色或灰黄色条纹，有的心脏外观呈桑葚状。肝脏肿大，质脆易碎，瘀血。

【防治措施】

（1）注意妊娠母猪的饲料搭配，保证饲料中微量元素硒和维生素 E 等添加剂的含量。有条件的地方，可饲喂一些含维生素 E 较多的青饲料，如种子的胚芽、青饲料和优质豆科干草。对泌乳母猪，可在饲料中加入一定量的亚硝酸钠（每次 10 毫克）。在缺硒地区，仔猪生后第 2 天可肌内注射亚硒酸钠注射液 1 毫升。

（2）对病猪可用 0.1％亚硒酸钠注射液，每头仔猪肌内注射 3 毫升，20 天后重复一次。同时应用维生素 E 注射液，每头仔猪 50～100 毫克，肌内注射，具有一定疗效。

267. 怎样防治猪的矿物质、微量元素及维生素缺乏症？

在饲料单一或配合饲料质量不好的饲养条件下，常会发生矿物质、微量元素及维生素缺乏。猪常见的矿物质、微量元素及维生素缺乏症有以下几种：

（1）**矿物质及微量元素缺乏**

①**钙磷缺乏症** 猪钙磷缺乏主要表现佝偻症和骨软症。佝偻症主

要发生于新生仔猪（详见265问，怎样防治仔猪佝偻病）；骨软症常见于成年母猪，易发生于泌乳中、后期。表现为后躯麻痹、跛行，运动强拘，盆骨、股骨、腰荐部椎骨等易发生骨折。

【防治措施】

a. 根据生长、妊娠和泌乳等不同生长或生理期，按照饲养标准补足钙、磷及维生素D，并注意饲料中钙、磷比例。猪圈要通风良好，扩大光照面积。

b. 补喂磷酸二氢钙，成年怀孕母猪每天每头50克，小猪每头10克；仔猪可加喂鱼肝油，每天2次，每次一茶匙，或骨粉10～30克。

②铁缺乏症　铁缺乏主要发生于仔猪，表现仔猪贫血，血液中红细胞减少，血红蛋白下降到5％以下，血色指数低于1，并出现异形红细胞、多染红细胞及有核红细胞，网组织细胞增多，血液稀薄、色淡、凝固性降低。

【防治措施】

a. 补饲铁盐，如硫酸亚铁、乳酸亚铁、柠檬酸铁、酒石酸铁或葡萄糖酸铁。也可在圈舍内堆放含铁的红黏土等，让猪自由拱食，预防铁缺乏。

b. 哺乳仔猪的缺铁性贫血，可以用含铁的多糖化合物肌内注射来预防。

③铜缺乏症　猪铜缺乏主要表现为贫血，心肌萎缩，下痢，食欲消失，生长缓慢，被毛退色，伴有异嗜癖等症状。

【防治措施】

用硫酸铜1.0克，硫酸亚铁2.5克，温开水1 000毫升，混合过滤后喂仔猪或涂擦在母猪乳头上让仔猪舔食。或按每千克体用氯化钴、硫酸亚铁各1.0克，硫酸铜0.5克，溶入100毫升凉开水，供全窝仔猪内服。

④锌缺乏症　猪锌缺乏时表现皮肤粗糙，角化不全，食欲减退，生长迟缓等症状。

【防治措施】

补饲硫酸锌或碳酸锌，每千克饲料添加50毫克即可。

⑤碘缺乏症　碘缺乏多发生于新生仔猪，表现仔猪全身无毛，

头、颈、肩部皮肤增厚、水肿，体弱无力。仔猪常于出生后几小时死亡。存活仔猪，则表现嗜睡，生长发育不良，四肢无力，行走摇摆等。

【防治措施】

a. 将结晶碘 1.0 克，碘化钾 2.0 克，放入 250 毫升水中，溶解后加水至 25 千克，喷洒于 1 周所用的饲料中，每头按 20 毫升计算，用于大群猪预防。

b. 治疗时可在母猪日粮中加喂碘化钾，每周 0.2 克。仔猪可每天随母乳给予碘酊 1～2 克，内服。

（2）维生素缺乏

①维生素 A 缺乏症　猪维生素 A 缺乏，皮肤粗糙、皮屑增多。早期出现头偏向一侧，走路摇晃，后躯似麻痹，弓背，打颤，不安等症状。严重时，神经机能紊乱，听觉迟钝，视力减弱，肌肉痉挛，后躯麻痹，甚至瘫痪。青年猪常呈现强直性和阵发性惊厥及感觉过敏等特征。母猪发情持续期延长，妊娠母猪往往引起流产、早产、死胎或产瞎眼猪、畸形胎。公猪性欲下降或精子活力低或排死精。

【防治措施】

a. 保证青绿饲料供应，在缺乏青绿饲料的冬季可补饲胡萝卜等。

b. 维生素 A 注射液 2 万～5 万国际单位，仔猪 1 万～2 万国际单位，肌内注射，连用 1 周。维生素 AD 注射液，母猪 2～5 毫升，仔猪 1～5 毫升，肌内注射，隔日一次。鱼肝油，怀孕母猪 15～40 毫升，仔猪 1～5 毫升，拌料喂服，每天一次，连用 10～15 天。重病者还可以直接滴服浓鱼肝油，每天数滴，连续数日，对尚未吃食的仔猪，可灌服鱼肝油 2～5 毫升。

②维生素 B_1 缺乏症　多表现为初期食欲不振，生长不良，腹泻，心跳加快，跛行（以后肢多见），多发性神经炎等症。后期出现肌肉萎缩，四肢麻痹，急剧消瘦等，最后死亡。

【防治措施】

a. 日粮内应保证有麸皮、米糠等富含维生素 B 的饲料供应，不能单独喂玉米。多饲喂青绿饲料，亦可预防维生素 B_1 缺乏。

b. 给病猪按每千克体重皮下或肌内注射硫胺素（维生素 B_1）

$0.25 \sim 0.5$ 毫克。

③维生素 B_2（核黄素）缺乏症　猪维生素 B_2 缺乏主要表现生长迟缓，眼白内障，蹄腿弯曲、强直，步态强拘等症。时久者皮肤增厚，皮疹，鳞屑，溃疡及脱毛。母猪表现食欲减退，不发情或早产，胚胎死亡和胚胎被重吸收，以及泌乳能力降低等。

【防治措施】

在饲料中添加核黄素。猪的需要量为每天每千克体重 $6 \sim 8$ 毫克，每吨饲料中补充 $2 \sim 3$ 克核黄素（维生素 B_2）即可满足需要。

④维生素 B_{12} 缺乏症　猪维生素 B_{12} 缺乏主要表现为恶性贫血，虚弱，皮肤发炎，仔猪生长发育不良，生殖能力降低等症。

剖检可见肝细胞坏死及脂肪肝。

【防治措施】

a. 可在每吨饲料中补充维生素 B_{12} $1 \sim 5$ 毫克。育肥猪和生殖泌乳阶段母猪，日粮中补充适量动物性蛋白质，如鱼粉或肉粉，可足以保证猪维生素 B_{12} 的需要。

b. 治疗时可肌内注射维生素 B_{12}，每头猪 $0.3 \sim 0.4$ 毫克，隔日一次，连续 $3 \sim 5$ 次。

⑤维生素 D 缺乏症　参见本书第 265 问（怎样防治仔猪佝偻病）。

⑥维生素 E 缺乏症　参见本书第 266 问（怎样防治仔猪白肌病）。

268. **怎样防治仔猪消化不良？**

仔猪消化不良是哺乳期仔猪较为常见的一种胃肠疾病。根据临床症状和病程经过，通常分为单纯性消化不良和中毒性消化不良。

单纯性消化不良，主要表现为消化与营养的急性障碍和轻微的全身症状。患病仔猪精神沉郁，食欲减退或完全拒乳，腹泻，体温一般正常或低于正常。

中毒性消化不良主要呈现严重的消化障碍和营养不良，以及明显的自体中毒等全身症状。病仔猪精神沉郁，食欲废绝，体温升高，反应迟钝，全身震颤，有时出现短时间的痉挛。严重腹泻，排水样粪便，粪便内含有大量黏液，有恶臭和腐臭味。久之，肛门松弛，皮肤弹性下降，眼球下陷，心跳加快，脉细弱，呼吸浅表急速。病后期，体温下降，昏迷而死亡。

【防治措施】

由于仔猪消化不良的病因是多方面的，故对本病的治疗应采取食物疗法、药物疗法及改善卫生条件等措施的综合疗法。

首先改善哺乳母猪的环境，加厚铺垫干燥、清洁的褥草，为缓解胃肠道的刺激作用，可禁止仔猪哺乳 8～10 小时，此期间仅给以生理盐水溶液（氯化钠 2 克，33％盐酸 0.3 毫升，凉开水 300 毫升，每天 3 次）。为排出胃肠内容物，对腹泻不甚严重的仔猪，可内服甘汞（每千克体重 0.01 克）。为促进消化，可内服人工胃液（胃蛋白酶 10 克，稀盐酸 5 毫升，常水 1 000 毫升）10～30 毫升。为防止肠道感染，特别是对中毒性消化不良的仔猪，可选用抗生素（链霉素、卡那霉素、土霉素、痢特灵、磺胺类药物）治疗。对持续腹泻不止的可内服止泻剂（如明矾、鞣酸蛋白、次硝酸铋、矽碳银等）。为防止机体脱水，可静脉或腹腔注射 10％葡萄糖溶液或0.9％氯化钠溶液。

269. 怎样防治猪胃肠炎？

猪胃肠炎是由于各种致病因素刺激胃肠黏膜而引起的炎症。喂饲大量腐败、霉烂、变质、冰冻、刺激性的饲料和不干净的水，气温突变，长途运输等因素使猪体抵抗力降低，都能诱发本病。此外，还可继发于某些传染病、寄生虫病、中毒病等。

患猪病初精神不振，食欲减退，喜饮冷水，时有腹痛，呕吐，有舌苔，口腔酸臭，结膜潮红，肠音增强，大便干燥，尿量减少。病的后期以拉稀为主要特征。粪便带有黏液、血液、脓汁和恶臭气味，肛门和尾部附近被粪便污染，病情进一步发展，肠音微弱或废绝，大便失禁，猪体严重脱水，卧地不起，强行运动时行走摇晃，体质极度虚弱，若不及时治疗，往往归于死亡。

【防治措施】

（1）加强饲养管理，增强猪体的抵抗力，排除各种致病因素，预防本病发生。

（2）治疗时，首先服用硫酸钠、硫酸镁或石蜡油等，以清除胃肠内容物。然后选用土霉素、磺胺脒等杀菌消炎。土霉素，每千克体重0.1克，内服，连续3～5天；痢特灵，每千克体重5～10毫克，每天分2次内服，连续3～5天。对病情严重者，进行强心补液，可用葡萄糖生理盐水500～1 000毫升，静脉或腹腔注射；用10％安钠咖5～10毫升，皮下或肌内注射。

270. 怎样防治猪肠便秘？

猪肠便秘主要是由于饲喂谷糠、稻糠和粉碎不好的粗硬饲料，以及饮水不足，运动量少，矿物质缺乏，或因异嗜吃下毛发团等，致使肠内容物停滞在某段肠管，造成肠管阻塞或半阻塞。另外，也常见于某些传染病（如猪瘟、猪丹毒）和寄生虫病（如蛔虫、姜片吸虫等）过程中。

病猪表现食欲减退或不食，口渴增加，胀肚，起卧不安，有的呻吟，呈现腹痛，常努责。初期排少量颗粒状的干粪，上面粘有灰色黏液，1～2天后排粪停止。体小的猪，结肠便秘，在腹下常能摸到坚硬的粪块或粪球，触及该部有痛感。

（1）首先解除病因，在大便未通前禁食，仅供给饮水，若肠道尚无炎症，可用蓖麻油或其他植物油50～80毫升投服。已有肠炎的可灌服液体石蜡50～200毫升，或用温肥皂水深部灌肠。若上述方法无效，可在便秘硬结处经皮肤消毒后，直接用针头刺入硬结部中央，再接上注射器，注射液体适量，15分钟以后，用手指在硬结处轻擦、按搓，将硬结破碎开，然后再肌内注射硫酸新斯的明注射液3～9毫升。

（2）对于直肠便秘，应根据猪体的大小，用手指掏出，先在手指上涂上润滑剂，然后将手指插入肛门，碰到粪球后，用指尖在粪球中央掏挖，待体积缩小后，将粪球掏出。

（3）手术切开肠管，掏出阻塞物。

（4）继发性便秘，应着重于原发病的治疗。

271. 怎样防治猪应激综合征？

猪的应激综合征是猪受到不良因素的刺激后而产生的非特异性应激反应。引起猪综合征的因素很多，一些异常刺激，如长途运输、驱赶、捆绑、恐惧等，环境突然改变，饲料中缺乏维生素及微量元素等都会引起。以肌肉丰满、体矮、腿短的育肥猪容易发病。

初期病猪出现不安，肌肉和尾巴震颤，皮肤有时出现红斑，体温升高，黏膜发绀，食欲减退或不良，后期肌肉僵硬，猪站立困难，眼球突出，全身无力，呈休克状态。严重的病例，无任何症状就突然死亡，大多数猪在半小时到 1.5 小时内死亡。

剖检特征变化是绝大多数猪肌肉苍白、质软及有水分渗出。

【防治措施】

（1）加强饲养管理，尽量减少或避免各种应激因素的刺激。

（2）对已发病猪如症状较轻，处于发病早期时，应立即单圈饲养，给予充分的安静和休息，同时用凉水浇洒全身，如症状较重的猪，可用下列药物进行治疗：盐酸苯海拉明注射液，每头猪 2～3 毫升，肌内注射；5%碳酸氢钠注射液，每头猪 100 毫升，静脉注射；维生素 C 注射液，每头猪 5～10 毫升，肌内注射。

272. 怎样防治猪中暑？

中暑是日射病和热射病的统称。日射病是指在炎热季节，猪放牧过久或用无盖货车长途运输，使猪受日光直射头部引起脑充血或脑炎，导致中枢神经系统机能严重障碍；热射病是因猪圈内拥挤闷热、通风不良或用密闭的货车运输，使猪体散热受阻，引起严重的中枢神经系统机能紊乱。

日射病患猪，初期表现精神沉郁，四肢无力，步态不稳，共济失调，突然倒地，四肢作游泳样运动，呼吸急促，节律失调，口吐白沫，常发生痉挛或抽搐，迅速死亡。热射病患猪，初期表现不食，喜饮水，口吐白沫，有的呕吐，继而卧地不起，头颈贴地，神经昏迷，或痉挛、战栗。呼吸浅表间歇，极度困难。

【防治措施】

（1）在炎热季节，必须做好饲养管理和防暑工作。栏舍内要保持通风凉爽，防止潮湿、闷热拥挤。生猪运输尽可能安排在晚上或早上，并做好各项防暑和急救工作。

（2）发现病猪立即将其置在阴凉、通风的地方，先用冷水或冰水浇头，或用冷水灌肠，给予饮用大量的 1%～2% 的凉盐水，并用 5% 葡萄糖生理盐水 200 毫升，20% 安钠咖溶液 5 毫升静脉注射。伴发肺脏充血及水肿的病猪，先注射 20% 安钠咖溶液 5 毫升，立即静脉放血 100～200 毫升，放血后用复方氯化钠溶液 100～300 毫升，静脉注射，每隔 3～4 小时重复注射一次；对狂躁不安、心跳加快的病猪，皮下注射安乃近 10 毫升。

（3）用十滴水药物 10～20 毫升，一次内服，每天 2 次，并配合上述药物治疗，对育肥猪中暑，效果明显。

273. 怎样防治猪感冒？

猪感冒是指以上呼吸道炎症变化为主的急性全身性疾病，无传染性，主要是受寒而引起，多发生于气候多变的早春和晚秋。

病猪主要表现精神沉郁，食欲减退，皮温不整，鼻镜干燥，体温升高到 40℃ 以上，畏寒战栗，眼红多眵，羞明流泪，舌苔发白，鼻流清涕，咳嗽，呼吸加快，脉搏增数等症状。

【防治措施】

（1）加强饲养管理，防止受寒，气温骤变时应及时采取防寒措施。

（2）对病猪清热镇痛，可肌内注射 3% 安乃近溶液 5～10 毫升，每天 1～2 次。为防止继发感染，可肌内注射氨苄青霉素 0.5 克，或复方新诺明注射液每千克体重 0.07 克，每天 2 次，连用 2～3 天；对排粪迟缓的可投服缓泻剂，如人工盐 50～100 克，硫酸镁 50～80 克。

274. **怎样防治猪支气管炎?**

猪支气管炎主要是由于支气管黏膜表层或深层的炎症,多因猪舍狭小,猪群拥挤,气候突变等因素,致使猪吸入有刺激性的空气而发病。也可继发于感冒、肺炎、喉炎、流感等疾病。多发生于早春、晚秋季节和气候变化剧烈的时候,以仔猪发病率较高。

病猪主要症状是咳嗽。病初表现为干性咳嗽,3~4天后随渗出物的增多则变为湿性咳嗽。初期呈浆液性鼻漏,以后变为黏液性或黏液脓性。肺部听诊,肺泡呼吸音粗厉,2~3天后可听到啰音,开始为干性啰音,以后为湿性啰音。重者,食欲降低,呼吸困难,体温升高。若转为慢性,一般体温无变化,主要表现为持续咳嗽、流涕,症状时轻时重,日久,病猪消瘦。

【防治措施】

(1) 保持猪舍清洁和通风良好,注意保温,防止猪群拥挤,预防感冒。

(2) 对病猪抗菌消炎,可选用青霉素1万~1.5万单位肌内注射,一天2次;或盐酸土霉素,每千克体重5~10毫克,用5%葡萄糖溶解后,肌内注射;或肌内注射10%磺胺嘧啶钠注射液,首次量为30~60毫升,以后每6~12小时注射20~40毫升,每天1~2次。祛痰止咳,可选用复方甘草合剂10~20毫升,内服,每天2次;或氯化铵、重碳酸钠各10克,分为2包,每天内服3次,每次1包。止喘,可用3%盐酸麻黄素1~2毫升,肌内注射。

275. **怎样防治猪风湿病?**

猪风湿病是一种原因不明的慢性病,全年均可发生,尤其是冷湿天气,寒风、贼风侵袭,猪圈潮湿,运动不足及饲料急骤变换等,均可引起发病。仔猪多发。

风湿病主要侵害猪的背、腰、四肢的肌肉和关节,同时也侵害蹄和心脏以及其他组织器官。猪的肌肉及关节风湿,往往突然发生,先从后肢开始，逐渐扩大到腰部以至全身，患部肌肉疼痛，走路跛行，或弓腰走小步。病猪常喜卧，驱赶时勉强走动，但跛行往往随运动的增加而减轻。

【防治措施】

（1）垫草要经常换晒，圈舍要保持清洁干燥，堵塞猪圈内小洞，防止仔猪在寒冷季节淋雨。

（2）治疗可用2.5%醋酸可的松注射液5～10毫升，每天2次，肌内注射；或用醋酸氢化可的松注射液2～4毫升，关节腔内注射。在初期，可用复方水杨酸钠注射液10～20毫升，耳静脉注射；或用10%水杨酸钠注射液和当归注射液各10毫升，每天2次，静脉注射，连用2～4天。

276. 怎样防治猪直肠脱（脱肛）？

由于猪营养不良，长期腹泻、便秘、强烈努责等而引起直肠后段全层肠壁脱出肛门外称直肠脱，仅部分直肠黏膜脱出肛门之外称为脱肛。以2～4月龄小猪多发，猪分娩时强烈努责也可引起。

病初仅在猪排粪后直肠黏膜脱出，呈鲜红色球状突出物，黏膜呈轮状皱缩，但仍能恢复。如果病因未消除又会脱出，脱出时间稍长，黏膜发生水肿，以后黏膜干裂，水肿液流出，污秽不洁，沾有泥土、垫草，黏膜呈暗红、紫色，最后变为灰色。如后段直肠全层肠壁脱出，在肛门后面形成向下垂的暗红色圆柱突出物。

【防治措施】

（1）对2～4月龄小猪要喂给柔软饲料，保证有足够的蛋白质和青饲料，平时应适当地给予运动，饮水要充足。

（2）在发病初期，可用2%明矾水或0.3%高锰酸钾溶液，将脱出直肠冲洗干净，然后提起猪两后肢，使其头朝下，将脱出部分慢慢地用食指送回。为了防止再脱出，可行肛门的袋口缝合，收紧缝线时留出一指粗的排粪口，打成活结，随时调整肛门孔的大小。也可以在距肛门边1～2厘米处，分左、右、上三点，各注射95%酒精3～5毫升，使局部组织肿胀，借以达到固定的目的。

（3）对脱出部分已水肿坏死的，可先用 3％明矾水冲洗局部，再用针乱刺水肿黏膜，取纱布包扎紧，以便挤出水肿液。坏死黏膜要清除尽，并撒上少量明矾粉，最后轻轻把脱出的直肠末端送入肛门内。手术后，猪要单独饲养，少吃多餐，料要稀薄。若不见排粪，立即用温肥皂水灌肠。如果直肠坏死严重，要采取直肠截除手术。

277. 猪发生脐疝怎么办？

脐疝又名赫尔尼亚，是指腹腔内的器官，部分或全部通过天然脐孔，脱入到皮下所致，常因脐孔闭合不全或完全未闭锁，加上猪奔跑、挣扎、按压、强烈努责等因素，使腹内压力增大而引起发病，本病多见于仔猪。脐疝可分为可复性与嵌闭性两种。

（1）**可复性脐疝**　在猪的脐部外表有一囊状物，有一定的伸缩性。囊状物大小不一，质度柔软，无热痛，能把脱出物还纳进腹腔，同时可摸到脐带轮。

（2）**嵌闭性脐疝**　病猪表现不安，并有呕吐。初期尚有粪便，以后停止排粪，囊状物较硬，有热痛，脱出物只能还纳部分或完全不能还纳，若不及时进行治疗，则预后不佳。

【治疗措施】

对于可复性脐疝，有的可自愈，若疝囊过大，必须像嵌闭性脐疝一样，用手术治疗。

术前应停食一天，一般采取仰卧保定，术部剪毛，洗净，用 5％碘酒消毒，然后用 75％酒精涂擦脱碘，一般不用麻醉。纵向提起皮肤，避开阴茎，切开皮肤（不要切破腹膜），剥离疝囊后将疝囊连同内容物还纳腹腔，用手指或镊子等抵住轮口，防止脱出，用刀背轻刮脐带轮，使其出血形成新鲜创面，便于愈合。用较粗丝线，对脐带轮行间断结节缝合，撒上消炎粉，最后皮肤作结节缝合，包扎绷带。

若肠管与疝囊发生粘连，则须在疝囊上切一小口，细心剥离，当发生嵌闭性脐疝时，切开疝囊后，注意检查肠管的颜色变化，如发现肠管坏死，应将坏死肠管切除，行肠管断端吻合，再闭合疝轮。

手术完毕，向腹腔内注入青霉素、链霉素和 0.25％普鲁卡因溶

液，以防止肠粘连。手术后要加强护理，防止切口污染。在一周内喂食减少1/3，以防止腹压过大，造成缝合裂口。

278. 猪发生腹股沟阴囊疝怎么办？

由于猪先天性腹股沟管异常扩大，或在跳跃、外伤等因素下，使腹股沟管扩大，肠管落入腹股沟管而落入疝囊内，称为腹股沟阴囊疝，多见于小公猪。

发病后，可见猪两后肢之间有一拳头大、甚至小儿头大的阴囊疝，无痛感，病猪两后肢张开运步。将猪倒提时，疝囊消失，倘若发生肠管嵌顿，则不易还纳，有呕吐、便秘出现。

【治疗措施】

较小疝囊可待自愈，过大的必须尽快施行手术，使内环缩小或使腹股沟管闭锁。手术方法有两种，一是结扎总鞘膜法；二是缝合腹股沟内环法。

（1）**结扎总鞘膜法** 将猪进行倒立保定，阴囊皮肤用肥皂水洗刷干净，涂碘酊消毒后，在患侧切开阴囊皮肤和皮肤下的内膜（不切开总鞘膜），用手隔离总鞘膜将睾丸抓起，另一只手分离总鞘膜，然后尽量靠近深部（接近外环处），用丝线将总鞘膜连同鞘膜内的精索一同结扎，再用止血钳夹住结扎处的精索，距结扎线外方1厘米处剪断精索，除去睾丸。旋转夹住精索断端的止血钳数周，然后用丝线将精索断端缝合固定在周围的组织上，堵塞腹股沟管。

（2）**缝合腹股沟内环法** 倒立保定好病猪，切口位置是从髋结节作腹中线的垂线并与腹中线相交，从交点向患侧旁2厘米处，开约4厘米长的切口，切通腹壁，可看到腹腔内扩大的内环，将扩大的内环作2～3针结节缝合，最后缝合腹壁切口，局部消毒。

279. 怎样治疗猪外伤（创伤）？

外伤的原因不同，损害也不同。如用棍棒打击猪引起的挫伤，其皮肤仍完整，称为闭合性外伤。如被锐利器械（叉子、刀等）引起的刺伤、切伤等，称之为开放性外伤。

闭合性外伤局部有红、肿、痛，白色猪可见损伤部皮肤呈暗红或青紫色。开放性外伤可见有皮肤裂开或创口，体腔的脏器也可能发生损伤。若继发感染，会出现全身性反应（体温、呼吸、脉搏的变化）。

【治疗措施】

发现外伤应及时处理。对开放性伤口应将创伤上的污物（被毛、草屑等）及坏死组织清除，再用消毒药 0.1％高锰酸钾或 0.05％新洁尔灭溶液等冲洗，冲洗后撒上消炎粉或涂擦一些消炎膏。对较深的创伤，必须在冲洗后，用纱布条浸泡 0.1％雷佛诺尔溶液后，塞进伤口内作引流，直至伤口内无炎性渗出物、肉芽增生良好为止。闭合性外伤可直接涂抹 5％碘酊或鱼石脂软膏等。

280. **母猪迟迟不发情怎么办？**

母猪迟迟不发情，在饲养管理上多是由于日粮过于单纯、蛋白质不足或品质低劣，或缺乏维生素、矿物质，母猪过肥或过瘦，长期缺乏运动等原因而引起。

【治疗措施】

对那些在仔猪断奶 10 天后迟迟不发情的母猪，可采取以下措施催情与促使排卵。

（1）**诱情**　每天早晚用公猪追逐或爬母猪胯，或把不发情的母猪放在公猪圈内混养。

（2）**乳房按摩**　分表皮按摩与深层按摩两种。表层按摩的方法，在每排乳房的两侧前后反复抚摩（不许碰乳头），可促使母猪发情。深层按摩的方法是，在每个乳房周围用 5 个手指捏摩（不捏乳头），可促使排卵。一般每天早饲后，表层按摩 10 分钟；母猪发情后，表层按摩与深层按摩各 5 分钟，交配前的那天早晨，改为深层按摩 10 分钟。

（3）**药物催情**　皮下注射孕马血清，每天一次，连续 2～3 次，第一次 5～10 毫升，第二次 10～15 毫升，第三次 15～30 毫升，注射后 3～5 天即可发情。肌内注射绒毛膜促性腺激素，体重 75～100 千克母猪，一次肌内注射 500～1 000 单位。中药可用淫羊藿 50～80 克，对叶草 50～80 克，水煎后内服，每天 1 剂，连服 2～3 剂。

（4）**药物治疗** 对因患子宫炎和阴道炎而配不上种的母猪，可采用 25％高渗葡萄糖液 30 毫升，加青霉素 100 万单位，输入母猪子宫内，半小时后再配种。

281. 引起母猪流产的原因有哪些？

（1）营养不良，妊娠母猪日粮中严重缺乏蛋白质、维生素与矿物质。

（2）母猪过肥、过瘦。过肥母猪子宫周围沉积的脂肪较多，压迫子宫造成供血不足或使子宫不能随胎儿的生长发育而扩张，从而限制了胎儿的生长发育。过瘦主要是营养不良造成的。

（3）公、母猪高度近亲繁殖，使胚胎生活力下降。

（4）突然改换饲料，使妊娠母猪不能忍受。

（5）冬季或早春喂冰冻饲料或饮冰水。

（6）长期睡在阴冷、潮湿的猪圈内。

（7）管理不当，如放牧运动时滑跌、咬架、跳沟、打冷鞭、追赶过急、打猪、踢猪等；猪圈太拥挤，猪争食挤压等；猪窝高低不平，胎儿受到不正常的挤压；妊娠早期使用有刺激性药物或给母猪打针应激。

（8）母猪患某些高烧性疾病，如患猪瘟、猪丹毒、流感、肺炎，其他败血症等。

（9）母猪患疥癣、猪虱或湿疹，由于奇痒而经常用力蹭痒。

（10）各种中毒，如霉菌中毒，棉籽饼中毒，菜籽饼中毒，酸度过大的青贮或酒糟造成的酸中毒以及各种剧毒农药中毒等。

282. 母猪难产怎么办？

在接产过程中，如发现胎衣破裂，羊水流出，母猪较长时间用力，仔猪就是产不出，可能发生难产。猪的难产多为产力性难产。即分娩时子宫及腹壁的收缩次数少，时间短和强度不够（阵缩及努责微弱），致使胎儿不能排出。

产道检查，可摸到子宫角深处有胎儿。由于子宫收缩力弱，胎儿仍保持血液循环，起初胎儿还活着，但如久未发现分娩而不助产，胎盘循环减弱，胎儿即会死亡，子宫颈口也将缩小，此时必须进行剖宫产。

【助产技术】

对于猪难产助产，应熟练掌握"六字"措施，即推、拉、掏、注、针、剖。

（1）推　接产人员用双手托住母猪的后腹部，伴随着母猪的努责，向臀部方向用力推。

（2）拉　看见仔猪的头或腿时，可用手抓住仔猪的头或腿把仔猪拉出。

（3）掏　母猪较长时间努责，仔猪就是产不出来时，可用手（5个手指呈锥形）慢慢伸入阴道内掏出仔猪。当掏出1头仔猪，由难产转为正产时，就不要继续掏了。掏完后用手把40万单位青霉素抹入母猪阴道内，以防患阴道炎。

（4）注　肌内注射脑垂体后叶素3～5毫升。

（5）针　针刺百会穴。

（6）剖　以上措施都采用后，仔猪仍生不下来，应立即做剖宫产手术，取出胎儿。

283. 母猪产后胎衣不下怎么办？

母猪分娩后胎衣在1小时内不排出，就叫胎衣不下或胎衣滞留。多由于猪体虚弱，产后子宫收缩无力，以及怀孕期间子宫受到感染，胎盘发生炎症，导致结缔组织增生，胎盘粘连等因素，致使胎衣不下。

猪的胎衣不下多为部分不下。猪表现不安，体温升高，食欲降低，泌乳减少，喜喝水。阴门内流出红褐色液体，内含胎衣碎片。哺乳时常突然起立跑开（多是因为乳汁少，仔猪吮乳引起疼痛所致）。

【治疗措施】

猪产后经 1～2 小时仍不排出胎衣时，即应进行治疗。为促进子宫收缩，可肌内注射脑垂体后叶素 2～4 毫升，或肌肉或皮下注射催产素 5～10 单位，24 小时后再重复注射一次。也可投服益母草流浸膏 4～8 毫升，每天 2 次。胎衣腐败时，可用 0.1％高锰酸钾溶液冲洗子宫，并投入土霉素片。为促进胎儿胎盘与母体胎盘分离，可向子宫内注入 5％～10％盐水 1～2 升，注入后应注意使盐水尽可能完全排出。

284. 母猪生产瘫痪怎么办？

母猪生产瘫痪是指母猪在产前或产后，以四肢运动丧失或减弱为特征的疾病。临床上包括产前瘫痪和产后瘫痪。主要是由于日粮中缺乏钙、磷或是两者比例失调，以及长期不晒阳光，又缺乏维生素 D 等而引起。

产前瘫痪多在产前数天或几周，突然发生起立与步态困难，肌肉颤抖，前肢爬行，后肢摇晃，驱赶时有尖叫声，逐渐卧地不起，对外界刺激反应很弱或完全丧失。产后瘫痪，多在产后半个月发生，病猪少食或拒食，奶少，后躯无力，站立不稳。继则卧地不起，后半身麻痹。严重病例常有昏迷症状，体温一般正常。

【防治措施】

(1) 平时对妊娠母猪要适当地添加钙、磷制剂，多喂些鱼粉、骨粉等，经常晒太阳、供应足够的青绿饲料。

(2) 治疗时可肌内注射维丁胶性钙 10～30 毫升，每天 1 次，连续 3～4 天；也可用 10％～20％葡萄糖酸钙 50～150 毫升或 10％氯化钙溶液 20～50 毫升，加入 5％糖盐水 200～500 毫升静脉注射，每天 1 次。也可将骨头烤干后碾成粉末，每顿用 15 克拌入饲料中饲喂，或用鸡蛋壳 4 个、骨头粉 30 克，掺热白酒少量，让猪一次吃下。

285. 母猪产后患子宫内膜炎怎么办？

猪产后患子宫内膜炎主要是由于胎衣不下、难产、子宫脱出及助产时消毒不严等，感染了葡萄球菌、链球菌或大肠杆菌等而引起。

急性患猪，阴道内流出污红色黏液或黏脓性分泌物。病重猪，分泌物呈红褐色，有臭味，病猪常呈排尿姿势。慢性患猪，症状不明显，不定期从阴道排出浑浊的黏性分泌物，发情不正常，有时假发情，屡配不孕。

【治疗措施】

主要是应用抗菌消炎药物，防止感染扩散，并促进子宫收缩，消除子宫腔内的渗出物。

（1）为清除子宫内的渗出物，可每天应用消毒液冲洗子宫一次，如0.1％高锰酸钾溶液，0.05％新洁而灭等。导出冲洗液后，向子宫腔内注入抗生素，如土霉素或青霉素等。

（2）为防止感染扩散，应全身应用抗生素及磺胺类药物，可肌内注射青霉素、链霉素或静脉注射新霉素、四环素。磺胺类药物以选用磺胺二甲基嘧啶为适宜，但用量要大并连续使用，直到体温降至正常2～3天为止。

（3）为增强机体抵抗力，可静脉注射含糖盐水；补液时可添加5％碳酸氢钠及维生素C，以防止酸中毒及补充所需的维生素。

286. 母猪产后缺乳或无乳怎么办？

母猪产后缺乳或无乳主要是母猪在妊娠期间及哺乳期间，饲料单一、营养不全，或母猪过早配种，乳腺发育不全，以及患乳腺炎、子宫内膜炎和其他传染病而引起，常发生于产后几日之内。

由于母猪泌乳量减少，仔猪吃奶次数增加，但仍吃不饱，仔猪常叼住乳头不放，并发出叫声，甚至咬伤母猪乳头，母猪常拒绝仔猪吃奶，并用鼻子拱或用腿踢仔猪。仔猪吃不饱，严重者可饿死。

【防治措施】

（1）加强饲养管理，给母猪营养全面且易消化的饲料，增加青饲料及多汁饲料。

（2）对发病母猪，可内服催乳灵10片，或妈妈多10片，每天1次，连用2～3天。或将胎衣用水洗净，煮熟切碎，加适量食盐混入饲料中饲喂；或用小鱼、小虾、小蛤蜊煮汤掺食喂饲。中草药王不留行 40 克，穿山甲、白术、通草各 15 克，白芍、黄芪、党参、当归各 20 克研成碎末，混入饲料中饲喂或水煎加红糖灌服。对体温升高、有炎症的母猪，可用青霉素、链霉素或磺胺类药物肌内注射。

287. 母猪产后不食或食欲不振怎么办？

母猪产后不食或食欲不振，主要是由于饲料单纯，营养不良，母猪产仔时间过长，过度疲劳；或产后喂料太多，母猪出现顶食，或吞食胎衣，引起消化不良，以及产道感染，体温升高，内分泌失调所致。

母猪表现食欲降低，仅喝点清水或吃些少量的青绿饲料，尿少而黄，粪便较干燥，乳汁减少。

【防治措施】

（1）母猪妊娠后期应保持较好的膘情，在哺乳期第 1 个月要加强营养，使母猪不能掉膘太快。

（2）治疗时可选用胃复安，每千克体重 1 毫克，肌内注射，每天一次，连续 3 次；在病初可用催产素、氢化可的松肌内注射，同时内服十全大补汤。后期用 25％葡萄糖 500 毫升、三磷酸腺苷 40 毫克、辅酶 A 100 单位静脉注射；也可用苦胆 1 个，醋 100 毫升，将苦胆先用水和匀，再加入醋调匀，灌服；或用中药补中益气汤，外加炒麻仁 30 克，大黄 10 克，芒硝 30～50 克，煎汤灌服。

288. 怎样防治母猪不孕症？

母猪不孕症是母猪生殖机能发生障碍，引起暂时或永久不能繁殖的疾病。主要是由于母猪营养不良，性机能减退，发情失常或不发情；母猪过肥造成内分泌活动失调；母猪过老，卵巢发生进行性萎缩，性机能减退或消失，以及慢性子宫内膜炎和卵巢囊肿，阴道炎等所致。

母猪表现发情无规律，或是长时间不发情，性欲缺乏或显著减退，无明显的发情征候。有的虽然发情正常，但屡配不孕。

【防治措施】

（1）对母猪建立合理的饲养管理制度，防止母猪过肥或过瘦；老龄母猪不宜做种用时，应及时淘汰育肥；对有生殖器官疾病的母猪，应及早治疗，对久治不愈者，予以淘汰。

（2）对不发情或发情不正常的母猪，可肌内注射三合激素注射液 2～4 毫升，或绒毛膜促性腺激素 500～1 000 单位；或苯甲酸求偶二醇注射液 2～4 毫升，或孕马血清 10～15 毫升皮下注射。

289. 怎样治疗母猪乳房炎？

乳房炎是乳腺受到物理、化学、微生物等刺激所发生的一种炎性变化。主要是由于仔猪尖锐的牙齿咬伤乳头皮肤感染而引起。

患猪乳房出现红、肿、热、硬，有痛感，不让仔猪吃奶，多发于单个或数个乳房。病初乳汁稀薄，内混有絮状小块，以后乳少而变浓，混有白色絮状物。有时带血丝，甚至变为黄褐色脓液，有臭味。严重者，乳房溃疡，停止泌乳，个别病例体温升高，出现全身症状。

【治疗措施】

（1）乳房内注入药液疗法　先挤净病乳区内的分泌物和乳汁，然后向每个乳头徐徐注入以青霉素 20 万～30 万单位，链霉素 0.2～0.3 克，溶于 20 毫升 0.25% 的普鲁卡因溶液。如果乳腺内分泌物过多或乳汁变化较大时，可先注入防腐消毒剂（如 0.02% 呋喃西林溶液，0.2% 高锰酸钾溶液等）适量，停留数分钟挤出，再注入抗菌药物。

（2）乳房基部封闭疗法　用青霉素 40 万单位，溶于 0.25% 普鲁卡因溶液 50～90 毫升中，作患病乳基部注射，每天 1～2 次。

（3）全身疗法　对于病情较重，全身症状明显的，可以青霉素与链霉素、青霉素与新霉素联合应用。

（4）温敷疗法　对于非化脓性乳房炎的急性炎症稍平息时，可用毛巾或纱布等浸上 38～42℃ 药液，敷在患病乳房上，每次 30～60 分钟，每天 2～3 次。常用的药液有 1%～3% 醋酸铅溶液、10%～20%

硫酸镁溶液、0.1％呋喃西林溶液等，对乳房硬结处可用鱼石脂软膏或余氏消炎膏等外敷。

290. 怎样进行猪的剖宫产手术？

剖宫产手术是切开腹壁与子宫壁，从切口取出足月或其他异常胎儿的一种手术方法。

（1）适应证

①过早配种的母猪骨盆腔狭窄，助产不当引起产道高度水肿，子宫颈与阴道瘢痕收缩，子宫扭转，子宫疝或分娩过程中子宫破裂等，都可进行剖宫产手术。

②因母猪患严重疾病而胎儿已足月，或因母猪年老而胎儿又属优良品种后代，为留下珍贵仔猪可进行剖宫产手术。

（2）术前准备

①药物与器械准备　药物包括5％碘酊，75％酒精，0.5％盐酸普鲁卡因注射液，10％安钠咖注射液，0.1％新洁尔灭溶液，青霉素，链霉素，生理盐水；器械有手术刀，手术剪，手术镊，持针钳，止血钳，缝合针，缝合线，创钩，创布钳；敷料有创布，纱布，塑料布，橡胶手套等。

②场地与畜体准备　手术最好在手术室内进行，如在室外施术，要选择平坦、避风、光线良好的场所，地面要喷洒消毒液，铺以褥草并覆盖席子或塑料布。

（3）保定与麻醉

①保定　一般采用侧卧保定，将猪的上、下颌用绳索缠缚，以免伤人。

②麻醉　一般采用0.5％普鲁卡因作局部浸润麻醉，普鲁卡因用量一般在100～200毫升，凶暴的母猪可注射镇静药。

（4）切口定位　通常采用腹侧壁斜切口，即由髋结节下角至脐部连线的中点处做一个长10～15厘米的切口。

（5）手术方法

①切开腹壁，拉出子宫　分层切开皮肤、肌层直至腹膜。开腹后

助手持大块灭菌纱布堵塞切口，以防肠管、网膜自切口内涌出。术者手伸入腹腔探查怀孕的子宫角，隔着子宫壁用手抓住胎儿肢体的某一部位牵引至切口外。将一侧子宫角全部引出，直至显露卵巢，将引出的子宫角置于切口之外的灭菌创布上，并用温盐水纱布覆盖。

②切开子宫，取出胎儿　子宫角切开后将切口充分止血，手经切口先将楔入骨盆腔内的难产胎儿取出，正生胎儿用中指与拇指捏住眼眶牵引。倒生时，用中、拇指捏住后肢蹄部拉出。如取子宫角顶端的胎儿，术者可一手扒送胎儿臀部，一手于子宫壁外缓慢地将子宫壁向胎儿后躯推移，如此反复操作，可将胎儿逐渐移近切口。切记不可用挤牙膏的方式将胎儿挤近切口，也不要将手伸入子宫腔内牵引，以免撕裂子宫壁。将一侧子宫角内胎儿取完后，如母猪淘汰作育肥猪，则结扎卵巢系膜后切除卵巢。

③缝合子宫和腹壁切口　一侧子宫角的胎儿取完后，清理子宫壁上的血污，并进行缝合。第一层用全层连续缝合法，第二层用浆肌层包埋缝合法。缝合完毕，用 0.1% 新洁尔灭溶液或生理盐水进行子宫冲洗，冲洗液不可流入腹腔内，以防发生腹膜炎。最后在子宫壁切口缝合处涂以抗生素软膏，将子宫还纳于腹腔内。另侧子宫角作同样操作。

腹膜切口要单独作连续缝合，缝合要严密，以防肠管或子宫与其发生粘连；各层肌肉作一次连续或结节缝合，并撒布青、链霉素；皮肤切口作结节缝合，用碘酊消毒后，外打结系绷带。

（6）术后护理　术后根据猪的全身情况，可给予强心、补液与抗生素治疗。注射脑垂体后叶素，促进子宫复旧。为防止子宫内膜炎、腹膜炎和内脏粘连，可注射抗生素，如青霉素、链霉素等药物，每天 2 次，连用 5～7 天。加强饲养管理，保持猪舍干燥卫生，防止刀口感染。

八、家庭猪场的经营管理

291. 猪场经营管理的基本内容有那些？

猪场经营管理的内容，包括的范围很大，涉及面广，就猪场内部的生产而言，其主要内容包括猪场的计划管理、劳动管理、财务管理、经济核算、技术及经济活动分析、市场预测、经济合同、保险业务和科学决策等。

292. 如何科学合理地确定猪群结构？

猪群结构是指各类群的猪在全部猪群中所占的比例关系，为了保证猪场生产顺利发展，降低饲养成本，提高养猪经济效益，必须科学合理地确定猪群结构。

（1）必须根据猪场的生产任务，即出栏商品猪或提供仔猪的头数，确定出基础母猪的饲养量。可按每头基础母猪年产 2 胎，每胎提供育成仔猪 8～10 头，育肥期成活率 96%～98% 的比例倒推。

即：　　　　　　出栏任务÷97% ＝ 育成仔猪数

育成仔猪数÷9 头÷2 胎 ＝ 基础母猪数

（2）种公猪头数可按事先情况下公母猪比例 1：20～30 或人工授精情况下的公母猪比例推算。

（3）后备公、母猪的选留比例，可分别按占基础母猪及种公猪的 50% 安排，基础母猪及种公猪淘汰率为 25%～30%，所以，后备猪的选留比例也可按每年或应淘汰和补充的基础母猪数的 1～2 倍掌握，品质优良的青壮年（1.5～4 岁）公、母猪在基础母猪群中应保持 80%～85% 的比例。

293. 养猪为什么要进行市场预测？

市场预测是一种掌握市场需求量变化动态的科学，它的主要任务是通过对现有各种资料和市场信息的分析研究，并利用适当的数学模型，来推测未来一定时期内，市场对某种产品的需求量及变化的趋势，从而为企业制订计划目标和做出各项经营决策提供资料和依据。

作为大多数家庭猪场所经营的均是商品猪。因此，必须积极开展市场预测工作。只有对未来的市场行情、猪产品供需等方面进行科学的预测，才能做到心中有数，确定适当的经营目标，制定比较合理的规划和计划。

294. 怎样进行市场预测？

要进行市场预测，经营者必须懂得一些有关市场的知识和行情，及时掌握生猪及其产品在本地市场，省内外市场的动向以及消费者需求的变化，从而决定自己的经营策略和经营方法。

掌握市场的动向有三个方面：一是一个时期内（几个月甚至几年）生猪生产总的发展趋势和市场趋向；二是当前全国总的市场动向；三是产区当地市场动向。

一个时期内生猪市场变化总的趋向，对家庭猪场应采取什么样的经营策略至关重要。虽然家庭猪场的产品比较单一，主要是商品肉猪，但也有品种选择，养猪规模大小等问题，还有何时出栏适销，供应何种配套饲料等问题。要解决这些问题，就要对当前市场上包括产区当地和邻近市、县生猪、猪肉及饲料等商品供求关系的变动情况了如指掌，而后才能安排好自己的养猪计划。

农民习惯于看仔猪价格的涨落来观察市场动向，仔猪价好，表明养猪者多，于是市场上仔猪供不应求；相反，仔猪跌价、烂市，说明养猪户不愿多进猪、养猪，将会出现仔猪供过于求。但仅此一点，还不够，随着市场经济的发展，销售生猪不仅限于产区市场，还与全国市场甚至同国际市场有密切关系。所以必须多方面观察，综合研究，把握一定时期内养猪业的市场动向。

295. 引进种猪应注意哪些事项？

（1）**严防疫病传入** 引种之前，必须详细了解种猪生产区的疫情，确认无病才能引进。种猪引来后，不能立即放入猪群，至少要隔离饲养观察 20 天以上，确定无病后方可合群饲养。

（2）**考虑血缘关系** 引来的种猪相互间可能有血缘关系。因此，应带回种猪血统卡片，保存备查。

（3）**引种数量不宜过多** 一般情况下，较大型猪场，引进饲养两三个不同特点的优良品种就够用了。小型猪场引进一两个品种的公猪，有计划地与本地母猪进行经济杂交，提供具有杂种优势的育肥仔猪，也就可以了，引进过多的品种，容易造成乱配，血统混杂。

（4）**注意当地的自然条件** 引进的种猪应适应当地的自然条件，以免发生不适应的现象，容易发病，不能进行正常繁殖，给生产带来损失。在这种情况下，可实行间接引种，从本地的其他猪场引进已经适应当地自然条件的外地猪种。

296. 家庭猪场为什么要进行成本核算？

（1）家庭猪场与农户副业养猪不同，是独立的养殖性产业，他们不是为了肥田而养猪，而是用以换取尽可能多的赢利，如果养猪赢利少，不合算，他们就会少养猪，以至不养猪。对养猪者来说，养猪成本越低赢利越多，成本越高赢利越少，成本和赢利是成反比的。

（2）在市场经济条件下，养猪者之间的竞争更加激烈，于是，经营管理问题更为突出。在这种情形下，谁经营得好，谁就能适应市场需要，取得更多的赢利，生产规模日益加大，在市场站稳脚步，不易被淘汰。

（3）通过成本核算，经营者能不断考核自己的经营成果，发现存在的问题，寻找解决问题的科学依据，提出今后发展养猪的最佳方案，促进养猪发展，提高经济效益。

297. 如何分析猪场的经济效益？

作为一个猪场的管理者必须会科学的分析猪场经济效益，搞清猪场盈利或亏损的真正原因，从而做出正确的决策、拿出可行的措施方案。影响猪场经济效益的因素很多，归纳起来主要有管理、环境、品种、营养、疫病等几个方面。

（1）**管理**　猪场的管理是第一位的，尤其是对于规模化猪场，有一个真正懂得正规化管理的场长是办好猪场的前提条件。猪场的管理包括对人的管理与对猪的饲养管理。

（2）**环境**　环境是影响养猪的重要因素，它包括大环境与小环境，大环境是指养猪的形势、政策、市场等；小环境是指猪场周围的防疫环境、环保环境等。猪粮比价是影响猪场经济效益的重要市场因素，业内人士习惯上把活猪（毛猪）的价格与玉米价格的比称为猪粮比价，盈亏临界点约为 5.5：1，若大于 5.5：1 市场就是盈利的；低于 5.5：1 市场就是亏损的，经营好的也许不亏或少亏。

（3）**品种**　猪种的选择至关重要，目前大多数规模猪场采用的是杜长大三元杂交，散养户采用的是杜长太三元杂交。该种杂交育肥猪生长快、料肉比低、效益高。

（4）**营养**　营养是猪只生长、发育和繁殖的基础，只有科学的配方饲料才能保证有适宜的营养。一般的猪场，从种猪、仔猪到育肥猪，全程采用全价颗粒饲料，安全性能好、性价比高。当然，无论采用哪种饲料要通过对比试验，通过性价比计算来选择。

（5）**疫病**　疫病是养猪的大敌，疾病控制是猪场的生命线。然而，很多猪场的管理者喜欢把猪场的经济效益不好的责任推给疫病流行。其实猪病问题归根结底是饲养管理问题，俗话说，六分养三分防一分治，饲养管理搞得好的猪场病就少，效益相对就高。猪场疫病控制的关键是实行全进全出制，严格免疫程序，做好预防保健，注意生物安全。要改变传统观念，实现从治疗兽医向预防兽医、预防兽医向保健兽医的转变。

另外，要有完善猪场生产报表，熟练掌握猪场的生产统计方法，进而分析猪场的生产情况和经济效益。

298. 怎样作猪群成本核算？有什么好处？

猪群成本核算包括猪活重成本核算和猪的增重成本核算。

（1）**活重成本核算** 猪的全年活重总成本等于年初存栏猪的价值，加购入及转入猪的价值，再加全年饲养费用，减去全年饲养费用、减去全年粪肥价值。

（2）**总重成本核算** 计算每增重1千克的成本，应先计算出猪群的总增重，再计算其每增重1千克的成本。猪群的总增重等于期内存栏猪活重加期内离群猪活重（包括死亡）减去期内购入、转入和初期结转猪的活重。

（3）**成年猪群成本核算**

生产总成本＝直接费用＋共同生产费用＋管理费用

产品成本＝生产总成本—副产品收入

单位产品成本＝产品成本÷产品数量

（4）**仔猪成本核算** 仔猪成本核算包括基础母猪和种公猪的饲养费用，一般以断奶仔猪活重总量除以基础猪群的饲养总费用（减去副产品收入），即得仔猪每千克活重成本。

$$\text{仔猪每千克活重成本}=\frac{\text{年初结存未断奶仔猪价值}+\text{本年基础猪群饲养费用}-\text{副产品价值}}{\text{本年断奶仔猪转群时总重量}+\text{年末结存断奶仔猪总重量}}$$

核算猪产品的成本，对于节约开支、降低饲养成本、改善经营管理均有很重要的作用。

299. 怎样降低养猪成本？

降低养猪成本的主要途径有两个方面：一是提高产量，二是尽可能节约一切费用，并即"增产节约"四个字，而要做到这个要求，一是采用先进技术措施，二是要改善经营管理，具体措施有以下几点：

（1）根据猪的生长发育特点，制订适合本地区、价格便宜的饲料配方，可降低饲料成本。

（2）实行自繁自养，可以降低育肥用断奶仔猪的成本费用，减少疫病发生，从而降低饲养成本。

（3）在保证生产的前提下，节约其他各项开支，压缩非生产费用也是降低成本的重要途径。第一，充分合理利用猪舍和各种机具及其他生产设备，尽可能减少产品所应分摊的折旧；第二，节约使用各种原材料，降低消耗，减少浪费，其中包括饲料、垫草、燃料、医药费用等；第三，努力提高出勤率和劳动生产率，在实行工资制的劳动报酬时，在每个工作日报酬不变的条件下，劳动生产率越高，产品生产中支付的工资越少；第四，尽可能精简非生产人员，精打细算，节约企业管理费用。

（4）采用科学管理技术，为猪的生长育肥创造适宜的条件，加快猪的生长速度，缩短饲养期，即可相对地降低饲养成本。

300. 提高养猪经济效益的主要途径有哪些？

猪场养猪的主要目的是赢利，其产品应是低成本，高质量，适合市场需要。为此，要提高猪场养猪的经济效益，既要制订正确的经营决策，使产品具备市场竞争能力，销路通畅，又要采用先进的科学技术，提高产量，降低成本，同时还要抓好生产中的经营管理工作。

（1）**家庭猪场的经营规模要适度**　家庭猪场规模的大小与经济效益的高低并不是任何时候都成正比例，只有当生产要素的投入规模与本猪场经营管理水平相适应，而产品又适销对路时，才能获得最佳经济效益。

（2）**选择优良猪种**　选择优良猪种，是提高养猪生产的有效措施之一。选择猪种时应根据本地的具体情况，如饲料条件，市场猪肉及其产品的需求情况等，最好选择经过对比试验筛选过的生长快、适应好的二元或三元杂交猪作为育肥猪，这样每天每头猪能节约饲料3.0～4.5千克。

（3）**提高饲料利用率，科学饲养**　家庭猪场为适应自己的经营规模，提高经济效益，必须讲究科学养猪，除选择良种猪饲养以外，要饲喂全价配合饲料，实行科学管理，掌握适时屠宰和出售，提高出肉率。

（4）**扩大饲料来源和提高饲料报酬** 饲料成本占猪场总成本70％～80％。饲料质量的优劣在很大程度上影响猪只生产性能的发挥，饲料的质量和价格是养猪生产经营成败的决定因素。因此，除购买全价配合饲料外并尽可能节约饲料、减少浪费外，要尽一切可能开辟饲料来源，如糟渣、麦麸、米糠、蚕蛹等。

（5）**掌握市场信息，开展多种经营** 家庭猪场要搞好经营，适时出售猪，降低成本，必须掌握市场信息，广开门路，开展多种经营，应重视养猪生产、加工、销售等各个环节，充分发挥自己的优势，因地制宜，围绕主业搞副业，搞好副业补主业，尽量减少主业的工农业以外负担和其他管理费用，开源节流，增加经济收入。

主要参考文献

王振龙，柴家前．1997．实用猪病防治学［M］．北京：中国农业出版社．

王爱国．2009．现代实用养猪技术．第3版［M］．北京：中国农业出版社．

东北农学院．1999．家畜环境卫生学．第2版［M］．北京：中国农业出版社．

白玉坤，王振来．2003．肉猪高效饲养与疫病监控［M］．北京：中国农业大学
　　出版社．

加拿大阿尔伯特农业局畜牧处等．刘海良，译．1998．养猪生产［M］．成都：
　　四川科学技术出版社．

苏振环．2004．现代养猪实用百科全书［M］．北京：中国农业出版社．

杨公社．2004．绿色养猪新技术［M］．北京：中国农业出版社．

李同洲．2000．科学养猪［M］．北京：中国农业大学出版社．

李铁坚，闫青．2002．图说大棚养猪［M］．北京：中国农业出版社．

李震中．2000．畜牧场生产与畜舍设计［M］．北京：中国农业出版社．

李德发．2000．猪的营养［M］．北京：中国农业大学出版社．

张统环．1999．养猪生产新技术［M］．济南：山东科学技术出版社．

陈焕春．2000．规模化猪场疫病控制与净化［M］．北京：中国农业出版社．

陈清明，王连纯．1997．现代养猪生产［M］．北京：中国农业大学出版社．

罗安治．1997．养猪全书［M］．成都：四川科学技术出版社．

周元军．1999．庭院畜禽饲养实用技术300问［M］．北京：中国农业出版社．

周元军．2008．轻轻松松学养猪［M］．北京：中国农业出版社．

赵书广．2003．中国养猪大成［M］．北京：中国农业出版社．

赵德明，张中秋，沈建忠，译．2000．猪病学．第8版［M］．北京：中国农业
　　出版社．

段诚中．2000．规模化养猪新技术［M］．北京：中国农业出版社．

黄瑞华．2003．生猪无公害饲养综合技术［M］．北京：中国农业出版社．

蔡宝祥．2001．家畜传染病学．第4版［M］．北京：中国农业出版社．

蔡宝祥，郑明球．1997．猪病诊断和防治手册［M］．上海：上海科学技术出版社．

图书在版编目（CIP）数据

养猪 300 问 / 周元军编著 . —4 版 . —北京：中国
农业出版社，2017.1（2018.8 重印）
（养殖致富攻略·一线专家答疑丛书）
ISBN 978-7-109-21699-0

I. ①养… Ⅱ. ①周… Ⅲ. ①养猪学-问题解答
Ⅳ. ①S828－44

中国版本图书馆 CIP 数据核字（2016）第 109922 号

中国农业出版社出版
（北京市朝阳区麦子店街 18 号楼）
（邮政编码 100125）
责任编辑　黄向阳　周晓艳

北京万友印刷有限公司印刷　新华书店北京发行所发行
2017 年 1 月第 4 版　2018 年 8 月第 4 版北京第 4 次印刷

开本：880mm×1230mm 1/32　印张：7.25
字数：200 千字
定价：25.00 元
（凡本版图书出现印刷、装订错误，请向出版社发行部调换）

养殖致富攻略·一线专家答疑丛书

封面设计：贾利霞

☞ 欢迎登录中国农业出版社网站：http://www.ccap.com.cn

☏ 欢迎拨打中国农业出版社读者服务部热线：010-59194918，65083260

购书敬请关注中国农业
出版社天猫旗舰店：

ISBN 978-7-109-21699-0

9 787109 216990 >

定价：25.00元